致敬
华语设计
这些年

Homage To
Chinese Design

中国室内设计 纪录集 2018
大型人物系列 —
2021

广州设计周组委会　编著

广西师范大学出版社
·桂林·

華語設計
军事风等
正戊

縣家作

华语设计四十年

改革开放四十多年，华语设计发生了翻天覆地的变化。这些年来，我参与了无数次评奖活动，亲眼看到并亲身经历了中国设计从学习到独创的全过程。要强调的是，这个进步是全方位的，从设计教育到设计实践无所不包。进步的过程极其艰辛，但极具包容性。以现代装饰国际传媒奖为例，近几年送审的作品有如下几个很有代表性的特点。

1. 世界各地的设计作品越来越多，质量相当稳定。

2. 亚洲设计与欧美作品各有千秋，以日本、韩国为代表的东亚设计，以新加坡和南亚诸国为代表的东南亚作品，地域特色特别明显，很值得玩味。

3. 中国设计师作品进步非常之快：华南地区起步较早；华东地区的苏州、杭州、上海、南京地区的水平后来者居上；华中、西南地区更是一派逆袭之势；西北地区以西安为代表，展现出了明确的中国风；华北、东北的作品兼收并蓄，正在大踏步地进步着；而港澳台地区的设计师水准历来很高，足以代表亚洲一流水平。

总体来说，中国设计虽说尚有进步的空间，但发展势头极猛。如此进步是大家有目共睹的，可喜可贺，幸甚至哉！

可是，诸位同人不可以自满。这里，我还想说几句不中听的话。

1. 数字化的设计手段效率高，但过于理性，重复性劳动虽容易，却会导致手上功夫退化，这未必是好的现象。好的设计都有点儿偶然性，动手绘图，尤其是比较性的草图不可荒废。这件事情还得从教育抓起。

2. 设计界的朋友应该重视材料研究，特别是环保型材料及其应用。

3. 施工图与现场管理永远是两个不可忽视的问题。

4. 希望工业化、安装化的时代早点儿到来。

5. 设计管理应少开会，多办实事，工程经济管理也是大有学问的。

6. 现代艺术与现代生活方式是当下从业设计师的形象思维与抽象思维的基础。在这一点上，我们不能人云亦云。

吴家骅

致敬华语设计：
四十年，理想照耀设计

比起"拓荒者"，我们更愿意将中国室内设计开先河的一代人称为"理想者"。在那个物质与精神皆匮乏的年代，在人们与设计世界如隔山海的境遇下，"理想者"却已生出无限的好奇与热情，即使孤独万丈，也藏得下星辰大海。

孤独与理想

理想主义往往是"拓荒者"的标签。理想主义的火花之于那个时代的意义，不仅仅在于物以稀为贵的新意，更在于可以点亮灵魂。"拓荒者"，即使不知道路的另一头是什么，依然会义无反顾地上路，心中有梦，眼里有光。

中国室内设计的发展是一段漫长的历程。孤独是那个最初的时代设计探索的底色，你头脑里着了火，但没人能看见。万事开头难，在那个设计与审美意识尚未得到普及的时代，"拓荒者"的周围充斥着各种喧嚣的声音，脚下布满各种看不见的交织的路线，他们有与同行者一起奔跑的幸运，当然也有面临放弃的迷茫。在鲜有人喝彩的时光里，他们乐观主义的先锋勇气，埋下了中国室内设计爆发性发展的种子。

理想主义的精神更易走向浪漫，因为它充满种种可能。以梁志天、邱德光、林学明、姜峰为代表的当代室内设计"拓荒者"，开辟了不同的、精彩的新赛道。

作为简约设计的践行者，梁志天成功地打造了设计师个人品牌；邱德光开启了"新装饰主义"时代，而与作品不断"刷屏"的设计新高度并行的，是他的事务所与东易日盛达成并购的新战略布局；在设计专业上探索的姜峰，成为设计行业中新经济转型的先锋，他带领杰恩设计成为第一家上市的民营设计公司，让设计公司的发展有了新的蓝图；而第一代学产研前辈林学明，则走出了另一条道路，从美院系到集美组设计机构，完成了设计师的职业转型，而后他隐退江湖，潜心于艺术创作，探索理想主义者的另一种生存形态。开局即是标杆，每一条路都可深耕，且大有可为。

这是设计的进化，他们以不同的方式铸就中国室内设计前所未有的荣光，一步步把设计从鲜为人知推到聚光灯下。这更是一个时代的进化，打开了以设计为圆心的多条路线的辐射，在不同的路上树立起旗帜。

借用鲁迅先生的那句名言：希望本是无所谓有，无所谓无的。这正如地上的路，其实地上本没有路，走的人多了，也便成了路。路的隐喻，意义不言而喻。让我们向那些孤独但充满理想的岁月致敬，初心生出使命，坚守成就光荣。

理想与荣光

理想主义者的同频奋斗，以现实主义的各异形态，最终到达每个人的世界。这种精神，在一代又一代的设计者身上，展现得淋漓尽致。

因为有了那么多先行者筑桥铺路，因为有了过往的滋养，中国室内设计从改革开放后进入初步发展阶段，到改革开放四十多年的今天，百家争鸣、百花齐放，从未如当下这样蓬勃与兴盛。从这一视角横向探究，中国室内设计的发展是一场加速度运动。

设计上的专业进化，从不断刷新的作品高度可见一斑。见证了中国室内设计发展全过程的设计大师在采访中所言最多的是，随着时代的脚步，室内设计从过往注重装饰、强调表象的美化效果，发展到今日，更加注重气质、内涵及比例的空间美学。

设计的力量也在悄悄发生着变化，从自身到行业，再到社会影响力，不喧嚣，自有声。从满足人们对改善环境的需求，到满足人们的精神需求、定制需求，乃至价值观和归属感的需求，设计从社会的边缘，逐步走向生活的主场，与艺术、城市建设等多个领域共同协作，致力于增强人民生活的幸福感、愉悦感。设计以创新赋能，促进各类商业体经济的发展。在与多位设计师的对话中，我们感到这样的观点几乎已经成为他们的共识。

这一代设计者亲身经历了城市的进化，城市化进程也反哺了他们的设计。他们如星星之火，在各自的阵地独树一帜，后集结成阵，为设计行业发声，站在世界设计舞台上为中国设计发声。

中国室内设计发展的节点与拐点，总是更易被历史所记录，而其中的细枝末节，则藏在孟建国老师讲述的中国设计"老炮儿"们拓荒的故事里，记录在梁景华与中国设计发展的四十年渊源里，写在关永权专注于灯光细分领域、一脉封神的独特探索中，更折射于龚书章从设计师身份到设计教育，乃至"社会设计"的格局的走向中。

从设计拓荒者到奠基人，再到承担者，他们见识过岁月的疾驰，挨过了冬季，迎来了春天；他们看到了自己亲手播下的种子萌芽、长大。这是"致敬华语设计这些年"活动发起的初衷，也是我们致敬当下的缘由。

未来可理想

每一代设计者的行走轨迹，都是过往献给未来的礼物。未来的设计使命里早已写满了传承，更有着创新。经过四十多年的发展，中国室内设计已然来到了一个新的发展节点，在这一趋势中，新的闯关者不断崭露头角，在设计的传承与积淀之上，新的突破成就将接踵而来。

设计界的"抒情诗人"陈耀光，将室内设计的无界发展推向极致，生活艺术家、收藏家、岛主、诗人等多元化的身份使他形成了独特而诗意的设计语言。他将内在精神具化为物、为情。他将毕生的所学、所思，打造成一座诗意的院落，将传承与创新集合于"光合院"，让心中的理想走入了现实世界。去理性化的无意识境界表达，是他融会贯通后身心一体的合力和收放自如。

如何在传承与创新的平衡中找到突破？吴滨在他主张的既有文化自觉又包容西方的无国界设计语境中，将东方美学推向世界，成为更具国际设计语境的中国设计代表人物。时间拥有分支，通向无数未来，设计的思考者们不再局限于设计本身。建筑、室内、陈设和产品的一体化设计，设计师与跨界艺术家的多重身份，文化与哲学的思考，艺术与美学的探索——这一切形塑了一个拥有多元化魅力的吴滨。

在当下走向未来的时间里，更开阔的视野与多重跨界的经历，印刻在很多设计师的设计作品及其他社会输出里。他们因设计而生长，因设计而多彩。被誉为"豪宅教父"的杜康生，围绕着豪宅这一领域，将豪宅的"奢"聚焦于更深层的人文故事中和历史沉淀的追溯中，不断探索设计中人文精神的匹配与稀缺。这一探索，既有文化思考，也有艺术延伸。他以极致的艺术美学及醇厚的人文精神，让豪宅空间的传奇与精神入魂入骨。

登上顶峰的人，没有因留恋半山腰的奇花异草而停止攀登的步伐。新生的力量，撞上一个蓬勃发展的设计盛世，产生种种化学反应。理想主义者的设计探索道阻且长，但他们以自身的坚守，给每一种未来的可能性提供了一个有力的注脚，以及无数种可通达的路径。

纪德曾语，如果说我们的灵魂多少有些价值，那是因为它曾比其他一些灵魂更加炽热地燃烧着。溯过往之历，以未来之名，我们谨以此书向华语设计大师致敬，向那些炽热燃烧的理想致敬。

"致敬华语设计这些年"组委会

致敬华语设计这些年

中国室内设计历来体现着较高的审美情趣与社会品位，表达的是一种对清雅含蓄、端庄丰华的东方精神境界的追求。伴随着中华文明的发展，各个时代的设计都具有当时的文化特色，并且不断吸收新的养分，持续发展。

第一代中国设计人，很多是从版画等专业转入室内设计的。他们是中国设计的拓荒者，为中国室内设计奠定了扎实的理论基础。他们以丰富的设计实践实现了振兴中国设计的梦想。因此，我们邀请第一代设计人畅谈中国室内设计这些年的发展与变迁。

由于人民生活水平的不断提高，中国人居生活开始"轻装修，重装饰"。如何让设计成为一种审美理念？如何装修？怎样装饰？这些都成为国人面临的难题。因此，我们邀请第二代设计人回顾他们从设计"小兵"到设计"将领"的职业生涯，共同回顾中国室内设计的飞跃。

迈入 21 世纪，"千禧一代"逐步成为消费主义时代的主力军，设计已经不再是奢侈品，而是生活中的必需品。当设计成为生活美学的组成部分，成为一种生活方式，其所带来的机遇和挑战是前所未有的。因此，我们邀请第三代设计师分享他们与众不同的突围之道。

"致敬华语设计这些年"是由广州设计周携手家居品牌"木里木外"于 2018 年联合今日头条、建 E 室内设计网、《现代装饰》、《澳门日报》、澳门有限电视台、《漂亮家居》及国内多家媒体和百家设计服务机构共同发起的中国室内设计行业首个大型系列纪录活动。"致敬华语设计这些年"大型系列纪录活动，旨在盘点影响华语设计圈的室内设计领袖人物，回顾华语设计代表人物的发展历程，回归设计之本源，让经典的设计作品载入史册，向为华语设计的发展贡献力量的设计师们致敬！

广州设计周组委会

HOMAGE TO CHINESE DESIGN

"致敬华语设计这些年"

大型系列纪录活动

让我们进入一次集体的回忆

CONTENTS 目录

谨以此书向华语设计大师致敬，
向那些炽热燃烧的理想致敬。

CHEN BIN
陈彬

· 后象设计师事务所（ADF）创始人、设计主持
· 武汉理工大学艺术与设计学院教授、硕士生导师
· 美国《室内设计》杂志中文版中国名人堂正式成员
· 武汉设计联盟学会会长
· 《梦想改造家》节目特邀设计师

A NEW MEMORY THAT BREAKS THE BOUNDARIES OF TIME AND SPACE
突破时空边界的记忆新生

做艺术工作者、教师，还是设计师？在职业的选择上，陈彬似乎比别人面临更多的机会，但是这种纠结在陈彬看来，只是浪费时间。他认为，没有必要以某个单独的职业属性框定人生的可能性。

从研习绘画美术、版画设计到公共艺术，从在高校任教到做空间设计师，丰富的学习、工作经历为他提供了多重视角，成就了独特的、陈彬式的艺术与设计世界。

设计是一种力量

对陈彬来说，设计是推动他不断前进的力量；而对陈彬设计作品的使用者来说，设计为他们的生活带去了一道光。

空间设计里潜藏着生活美学、人生理想，还有创作的力量。陈彬希望通过设计，让每个人都能住在自己精神世界的"桃花源"里。这个梦想，既大又远，但是理想不灭，步履不停。

陈彬在武汉国采中心 T3 展示馆的设计中，以"采"为设计关键词，让新商务的多种可能性变得更加直观和令人向往。"采"是一个由分散到聚集的动态过程：先有散的形态——发散、流动、放射，然后才有集的状态——汇聚、收集、沉淀。陈彬将这个动态过程以一种垂直的方式，反映在整个功能区域的呈现方式上：高层区域，分散、自由、多元、变化、共享……低层区域，单一、纯净、静谧、凝聚……从而清楚地传递出项目的价值观和人文态度。

好的设计能够改变世界。陈彬认为，每一个设计作品都包含着设计师对空间独特的感知，这也是一种设计的力量。他以作品传达设计的力量，以设计传递生活的温度。这种力量突破了设计本身的美学与艺术价值，让空间与人结合得更加紧密。

对于设计作品，陈彬有个简单、直接的评价方法：取悦自己，能打动自己的，是好的设计；取悦客户，能打动客户的，是成功的设计。事实上，通常的情形是这样的：一个设计中，有些部分是取悦自己的，而另一部分则要考虑取悦他人。取悦，有些戏谑却真实。

▲ 成都海思科招商运营中心（摄影：周心然）

▲ 成都海思科招商运营中心（摄影：周心然）

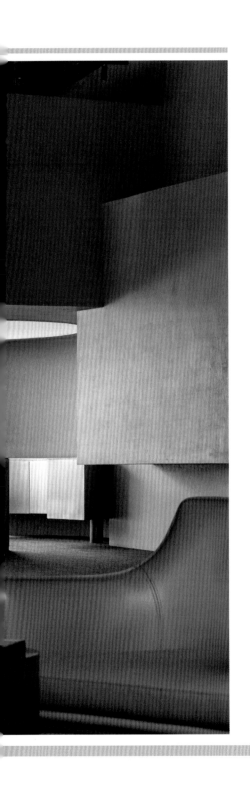

设计是一种记忆

城市记忆设计者，这是陈彬尤为独特的一张"名片"。

陈彬认为，城市的设计不该拘泥于某个时间点，而应该打破时空的概念，寻找城市在历史长河中的记忆，这是城市生命力的延续。他希望能够找到这种记忆，并且将其放在他所能做到的范围内去思考、去重塑。这既是一种城市寻根，也是对设计本源的思索。

设计可以影响城市进化的历程，传递受到历史与文化滋养的生活美学。带着对历史和东方美学的尊重，陈彬从当代生活视角出发进行设计研究和实践，凭借对商业业态和设计语境的独特认知，把握艺术与商业之间的平衡尺度，使作品受到了商界和设计界的一致好评。

高效和纯粹，是让陈彬"所向披靡"的两把利器。能在历史记忆与当代生活之间找到平衡点，并且不偏不倚，让每一个点所具备的价值最大限度地得到展现，他之所以能做到如此，或许是因为他特别的个性——艺术家和实用生活家的矛盾综合体。

▲ 武汉国采中心 T3 展示馆（摄影：周心然）

设计是一种教育

陈彬有着敏锐的触觉和挑剔的眼力。他认为，设计草图中每一笔线条的勾勒、每一个色彩的选择，都体现着设计师的专业功底和美学素养。他希望能将更多设计的奥义传达给他的学生。

令人惊讶的是，在大学里陈彬教授的课并不是空间设计，而是偏重原创性和趣味性、以绘画的形式呈现的动画原画创作和绘画训练。其实，他的教学对象范围很广，既包括在校学生，也包括在后象工作的年轻设计师。正是由于理论与实践兼具的特点，他的讲授常常能令学习的人得到超出预期的收获。

此外，他也常常提醒学生，不要急于求成，不要被五花八门的诱惑所迷惑，沉下心来做事情，一定会有意想不到的收获。

现在，他的学生已经开始在各自的领域内崭露头角，在国内外收获各种奖项。面对学生的成绩，陈彬总会谦虚地借用一句偈子"迷时师度，悟了自度"表示，他认为学生的成就主要是源于自身的努力。

所有的职业都没有捷径，都必须不断努力、发展、超越。在设计、教学、艺术创作各种工作从未停歇的状态下，陈彬似乎已经习惯了随时随地按下"分身术"的按钮，在设计师、老师、公司老板等不同的身份之间切换。活在当下，永远保持对设计的热忱，也许是他解锁多面人生的密码。

▲ 武汉国采中心 T3 展示馆（摄影：周心然）

KINNEY CHAN
陈德坚
· 德坚设计创办人

BEING MYSELF IS THE MAIN SOURCE OF INSPIRATION
做自己是最大的灵感来源

"我们做一项工作，所有的部分都与时间有关。我们要把控时间的变化，把时间留住。我经常说，我不想做潮流的东西，因为如果做很潮流的东西，五年后翻看，人家就知道，这是你五年前做的工作。所以我做一项工作的时候，会想长远一点儿，做一个没有时间限制的空间设计。"

陈德坚毕业于英国德蒙福特大学室内设计系，后在英国曼彻斯特的一家著名设计公司任职。1996 年，他在香港成立德坚设计，其间屡获国际大奖，例如，德国 iF 设计大奖传达设计奖、安德鲁·马丁国际室内设计大奖等，得到了业界的高度认可，继而在上海成立公司，为酒店、餐饮、机场贵宾室、售楼处、样板间等项目提供多元化的室内设计和项目顾问服务。

没有生活就没有设计

多年前，陈德坚在英国偶然看到了建筑大师高迪和密斯的建筑作品。那些作品中蕴含的想象的张力带给他很大的冲击和启发，让他找到了自己的方向：幽默的、创新的、不拘一格的设计。"创造力和原创性"是鞭策陈德坚与德坚设计不断锐意求新的动力来源。

"没有生活就没有设计，有趣的生活是设计的灵感来源。我总是愿意尝试新东西，当我有新的点子产生，只要有合适的机会，我便会去做。"陈德坚在做设计时，一直很看重怎样去找灵感。他认为做设计归根结底就是做自己，过好自己的生活就是最大的灵感来源。每个人都有自己独特的经历，喜欢的东西不一样，也会产生不同的创意，因此聆听自己内心的想法最重要。

"我的生活比较丰富，烹饪、钓鱼、做音乐等，这些我都喜欢，我希望去做一些很过瘾的东西，这些东西组合成了我。很多人都知道对于创作，我不单做空间设计，有时也会做音乐。"

在陈德坚看来，要做好的设计，要有欣赏艺术的眼光，要拥抱自己的生活和爱好，要在丰富的生活体验中去寻找灵感，要有一些天马行空的概念。除此之外，还要强化文字功底，不停地练习，将找到的灵感转化出来，这样才能更好地表达自己，并且将这些灵感都变成自己的设计理念。

陈德坚擅长观察生活中一切细微的事物，将它们变成作品中的灵感。他总能根据项目当地的环境、需求和文化，设计出符合当地特色的作品。

▲ 南宁中海半山壹号悬浮会所（摄影：肖恩）

▲ 南宁中海半山壹号悬浮会所（摄影：肖恩）

不拘一格的"K"设计世界

陈德坚的每个项目都有浓厚的 K 式印记（Kinney 是他的英文名字），但这并不是说他的作品有着某种统一或鲜明的风格。事实上，他是最没有风格的设计师，不拘一格才是他的风格。而所谓 K 式印记其实是来自匠心，即便是现在，大部分时间都在满世界飞来飞去的他还是会连续工作十几个小时，为项目打造一件独一无二的艺术品。

例如，他和团队在经历多方调研和长时间的沟通之后，才为香港赛马会会所餐厅这个项目设定了"上流百汇宴"的概念。这个项目历时四年才完成，融合了世界各国顶级料理，是香港开埠以来最尊贵的综合美食场所之一。

▲ 上海新荣记餐厅（摄影：朱海）

没有好或不好的设计，只有适合或不适合的设计

陈德坚曾谈道："通过感性去思考设计，再运用理性来实现设计。其中，感性是自我情绪的表达，是一种自我的追求。人在这种追求中得到自我满足，同时还会基于个人不同的价值观产生不同的判断。而理性则需要技术和逻辑，在大数据的时代，很多工作是通过理性判断完成的，冷冰冰的数据可以给我们最直观与精准的答案。"

在感性层面，陈德坚喜欢通过拍照的方式去记录生活，他认为这是记录生活感悟的过程。行走在一座城市中，无论一处街道、一栋老房子，还是一个陌生的老人，甚至是脏乱的景象，都会让人产生某种微妙的情绪。这种情绪也会在文化、环境的影响中持续累积。设计本身并不是冰冷的，而是需要更多的感情投射。

理性层面的思考是从一种客观角度出发的思考，而不是从情感、生活、经验角度出发的思考。无论设计什么空间，最重要的是要有一个目标。在开始设计之前，首先要站在客户的角度看问题，清晰了解客户的所思所想，挖掘客户的内在需求。设计师必须明白，设计不是为了实现自己的理想，而是为了帮助他人完成梦想。

▲ 香港赛马会会所餐厅（摄影：Common Studio）

CHEN LIN
陈林

· 设计师
· 生活美学家
· 陈林装饰设计事务所创始人

THE PIONEER SPIRIT WILL NEVER DIE
开拓者精神，恒久生长

说到餐厅设计，永远都绕不开"陈林"这个名字，他被称为"精致餐厅的设计鼻祖"、"著名华人设计师""中国室内设计界领军人物"，以及室内设计领域的"奥斯卡奖"获得者等一系列功绩，是他以设计写给自己的"史诗"。

设计之"道"

如果按空间设计的风格分类，那陈林一定属于先锋派，他的个人设计生涯充满了探索性和前瞻性。作为中国第一代室内设计师，他在职业生涯开始时，就为自己定下了"敢为人先""不破不立"的基调。

三四十年前的餐厅并没有设计的概念，陈林亲眼见证了餐饮店从仅有门窗的路边档口，发展至拥有简单就餐设备的街边小店，再到形成业态成熟的专属空间的整个过程。经营形态上的趋向成型，让他看到设计在这一领域的萌芽之机。他以颇具前瞻性的眼光，成为国内实现餐厅设计收费的第一批设计师。从最初的世人无法理解，到亲身证明设计可以为空间赋能、助力商业，再到餐饮设计体验的大众普及，所有走过的道路，汇聚成了当下餐饮设计的盛景。

也许当时的陈林以及在设计发展道路上的同路人并没有意识到这一从 0 到 1 的突破对当下而言的意义。当他们为每一次个人进步的细节欢欣雀跃之时，并不曾细想自己参与了一次如此波澜壮阔的设计变革。

设计之"术"

除了对餐饮设计之道的开辟，陈林在设计之"术"层面的引领也充满了兼容并包的探索性。他主张空间设计以人为核心，为不同人群、不同市场定制不同风格的空间设计，满足每一个群体的喜好。

做设计，是为了引导人们更好地生活，这一理念始终贯穿于他的设计中。包容性是陈林的另一种性格，不极端、不臆断，积极尝试每一次机会，于是便呈现出了设计的无数种可能性。摩登中国、海派新古典等多种设计手法出现在他的设计历程中，这种不拘一格的风格走向一度被业界热议和模仿。

三十年来，尽管他的设计风格不断转换，但是有一条主轴线是始终不变的，那就是对中国文化的坚守。他尝试过的每一种风格都是在以现代手法表达中国文化。他始终认为，每一个中国设计师都应该致力于本国文化底蕴的传播，基于中国文化，融百家之长。所以在他的作品里，会有惊艳的视觉体验，也会有灵魂相通的情感共鸣。

除了精神层面的主线，陈林在设计表达上也有着一套独有的理论。他跳出了设计只是在每一个立面上做装饰的层面，打破了只考虑空间四面墙或六面体的设计表达惯例，也不再单一和碎片化地聚焦于材质、色彩，而是将这些细节统领于一条故事线之下。

▲ 玉玲珑餐厅（摄影：潘杰）

▲ 玉玲珑餐厅（摄影：潘杰）

在每一次设计中，他都化身为空间的"导演"，为空间设置一种性格和一条故事线，通过调度配合，使故事徐徐展开，将空间呈现为一部充满场景化叙事的精彩电影。比起空间设计师，也许"空间故事的导演"这一称谓更能准确地定义他。

留白之"学"

陈林擅长做空间的导演，一路走来，他本身的经历也如同一部励志电影，且有着与好剧本同等潜力的跌宕起伏。从不给自己设限，尝试各种不同的东西，这一理念不仅贯穿于他的设计，也牵引着他的人生。在他的人生经历中，有一段不可不说的设计"留白"。

大约十年以前，他已经拥有了稳定的团队，在设计上也达到了一定高度，作品质量不断刷新高度，大小奖项尽收囊中。就在大家都认为他会乘势而上的时候，他主动为自己的设计之路设置了新的拐点。六十余人规模的公司停止运营，团队人员全部解散，这样的魄力让世人深感不解。他的答案是："人要过得尽量简单，当时只是觉得要去充电，接受更新鲜的理念，已不能再全身心投入的公司，唯有解散，才不负全力以赴的坚持。"

在之后的六年中，他学习新的知识，探索一切新奇的体验，留给自己更多的时间去梳理和思考……虽然暂离设计实践，他却从未曾真正远离设计的"江湖"，向外输出的空白期是他丰盈内在的充电期。

如同中国美学中的留白，于虚实之间的穿插，留下无尽的奇思遐想，这一场人生旅途上的留白，有着意味深长的发酵作用，如一场设计实践路上的"间隔年"。

生命不拥挤，游刃才有余，在向前的岁月里，他始终坚持为自己的创作留下相应的空白，停下来，去思考，再出发。时间流逝的目的只有一个，让感觉和思想稳定下来，成熟起来，摆脱一切急躁或者须臾的偶然变化。这一场设计上的出走，再次回归，便是更强烈的惊艳。

▲ 玉玲珑餐厅（摄影：潘杰）

▲ 九樽艺术餐厅（摄影：潘杰）

三十年磨一剑

归来后，陈林决定第二次开辟战场，这一次，他不仅仅是设计师，还是为空间做长期使用规划的老板。

玉玲珑是他联合三十位艺术家，耗费两年打造的作品。他抛开所有杂念，全身心地投入，将内心推演了无数遍的设计形态和商业模式清晰地演绎出来。

以艺术为联动，十一个包厢的主题、风格和气质各不相同。每间包厢都陈列着数件艺术家作品和陈林的个人藏品，仿佛一间间艺术展馆。每个空间各有一条故事线，不同的立意是其中的主角，所有物件皆是不可或缺的配角——这依旧是他导演"空间电影"的惯用手法。

不同形式的艺术作品只是表象，贯穿于内的对中国文化的深入探究，以及呈现出的国际化视野才是空间美学的精髓。那些蕴含其中的对艺术的热爱和对生命的探究，在仁者见仁的碰撞里幻化为千种、万种价值观，在烟火气里氤氲出诗意。

陈林称玉玲珑为自己"三十年餐厅设计旅程的一个总结"，这一总结庄重而盛大。如世外桃源般的空间问世后，被无数艺术名人打卡，不仅仅在杭州，甚至在全国餐饮设计界，也称得上是里程碑式的作品。

玉玲珑是他的主场，不以经营的压力为导向，他将自己三十年餐饮设计的所思、所想、所学，悉数奉献给了这个自己可以全权做主的空间。这一次，他不是单纯地面对项目，而是对从空间设计到餐饮运营进行全方位思考。

在他的设计世界观里，玉玲珑是一次总结性的爆点，但不是终点，新的尝试仍在不断酝酿。

迈向新世界

每一个美丽新世界的建立，都经历了无数次的尝试与探索。不管在历史的长河里，这些探索是一座桥梁还是美丽的终点，其伟大之处都不能被抹杀。开拓的迷人之处，恰恰在于从"梦想"到"现实"之间的张力。

作为一个永远充满好奇心的人，陈林从业至今，一直在创造着这样的张力，努力开拓着无数种思考与行动的可能性。他的心态永远年轻，喜欢与年轻人交流，能从每一次际遇里得到灵感。思想上的海纳百川，让这股张力充满了开放性与未来感。

对于餐饮设计行业的未来，他认为那将是一个"去风格"和"融风格"的时代。每一个餐饮品牌都将趋向于个性化，人们甚至不需要深究品牌，单看店面就知道这是一家什么样风格的餐厅。这一整体风格的设计或者说是策划，需要设计与运营的高度统一，而这也是陈林一直在实践的课题。

"我做设计从来不是给设计师看的"，这是他早期便提出的理念。在他看来，餐饮设计的每一个作品都应是双赢的，为甲方赢得市场，也为设计师赢得设计上的爆点。

玉玲珑便是这样一个作品，他跨越空间设计本身，志在打通从餐饮设计到运营的多个环节。多年来所秉承的餐饮设计理念，让他早已扎根到这一领域的研究中，为这种"打通"创造了极大的成功率。

与设计在餐饮层面的纵向打通同步酝酿的，是陈林关于设计在专业上横向拓展的思考。"这几年，我一直在思考，觉得凭我个人的精力、资历与能力已经不足以承担现代优秀作品的创作了。因为这是一个急速发展的时代，社会的审美、甲方的素养都在提高，我们需要和更多优秀的设计师一起合作去完成具体的项目。"

让各种声音交织、融合、碰撞，进而产生化学反应，这一思考是使设计更加兼容并包的开放性思维，是展示陈林人生格局的大智慧。2020 年 8 月，"陈林与友·联合设计"项目发布会的举办，让这种新思想第一次由创想走向现实，相较于以往设计师在专业领域的"各自为战"，他的这一创想开启了一种新的设计可能性。

CHEN YAOGUANG

陈耀光

· 著名设计师
· 光合机构召集人
· 典尚设计创始人

COMPOSING THE POEM OF
DESIGN

设计为道，逐光而诗

"诗是主观的，具有难效仿、唯一性的特点。所谓诗性的表达，是用最浓缩、最强烈的方式去表达情感。好的设计要有诗的效果，要在最短的时间里感动别人，诙谐、善意、童真、友好、不装不端……"对话伊始，陈耀光以颇有趣味的诗意状态开场。这句关于诗性的描述，藏着他的设计理念。

思想上的沉淀和浸入血液的诗意，让陈耀光在设计表达上早已驾轻就熟，但他依然保持着笃定和认真。思维表达上感性而诗意，具体工作中理性而认真——在对话逐渐展开的过程中，我们隐约捕捉到了他设计中的平衡点。

诗

陈耀光的身份有很多，中国当代最有影响力的设计师之一、生活艺术家、收藏家、岛主、诗人，每一个身份都反映着他诗人的气质：有爱、有趣、感性、善良、尚美。他一直在用自己独特的设计语言，构筑让观者从惊叹到沉醉的设计世界。

"诗表达"是他多年的设计理念之一。他极其注重人的情绪价值，运用色彩、形态、光影等细节，以温和的方式跟人的心理感受达成互动。在他的作品里，你

既能感受到平和、亲切，也能品味出深远的意境。这种细腻的设计风格成就了他在设计界"抒情诗人"的形象。

陈耀光的文艺气质和自由洒脱的个性源于家庭的熏陶。他的外公陈诵洛，是民国著名诗人，曾任天津城南诗社社长，与弘一法师、章士钊等都是诗社好友。他的母亲精通书画，父亲热爱写作和手工艺。

他一直保持着对世界的好奇心和想象力，一路收集、沉淀成长过程中的所见所闻，再以热爱的方式输出。他幼年记忆中西湖湖水的婉约、周边草木花树的灵秀和山峦起伏的柔软，以及杭州南宋古都历史的沉淀，都被投射于空间设计与生活中。浸入血脉的诗性和热情，使他拥有让平常之物熠熠生辉的能力，将内在具化为物、为情，向内哲思，向外表达。

思

从业三十余年，他写下了一份厚重且闪光的人生履历。他获奖无数，美术馆、艺术馆和博物馆等优秀作品频出，是光合机构召集人、光合院主人、典尚设计创始人，跨界空间、陈设、装置、影像、文化艺术传播等几大领域，在商业与文化艺术的平衡中游刃有余……

▲ 光盒物仓（2020 年第七届西岸艺术与设计博览会展览现场）（摄影：朱迪）

▲ 光合院（摄影：Manolo Yllera）

他的人生故事充满了迷人的魅力和浪漫主义色彩。

光合院是陈耀光三十多年设计理念和设计实践的高度凝练。他二十多年前就买下了这座院子，却思考了十多年才动手设计，又花了长达五年的时间建造，因为光合院深藏着他的设计梦想。这个项目是一次非主流的、实现自我情怀的尝试。这里集中体现了设计师陈耀光的"生命痕迹""诗表达""成长预谋"三大设计美学理念。

在光合院的设计中，他将一路走来的时光痕迹、人生收藏，以及所倡导的新哲思，一并融入其中。"完美有缺"是他对精致主义的批判。他认为设计应该坦露本质，抵达真实，尊重生命，敬畏时间的化物之功，让人与自然的肌理产生最真实的碰撞。

"光合"不仅源于他名字里的诗意，也寄托着理性上的设计进化。这里不仅是他心中理想的院落，也是开启新旅程的原点。他将空间设计、艺术展览、产品研发、设计会客厅、私人博物馆等概念一并融入这个空间。在此地，"光合机构"应运而生，光合院由此成为光合机构的发源地。光合院也是光合机构旗下"光盒物仓"项目的第一个线下沉浸式实体展示空间。

光合机构是设计生活美学商业聚合平台。陈耀光希望召集更多具有美学生产力的创作者，一起互动、传播和分享生活艺术。这一战略在形式上充满了浪漫主义色彩，在内容上却是基于严谨的需求进行挖掘与释放。

光合机构的成立是为了探索和推动生活美学的发展，一方面统筹整个设计行业发展状态，衍生出适应当下的市场需求；另一方面进一步深挖以人为本的心理和行为需求，让设计与生活发生善意的联结。

陈耀光的诗意始终围绕着设计与生活的关系。他希望以更具象化的形式释放生活美学的概念；以"光"之意象的能量和分享，将光合机构打造成一个通往人们向往的生活的全新试点；以新美学、新理念、新材料、新工艺输出设计，传递艺术与生活美学，引发共情，让更多人在其中发掘生活之美，发现自我价值，找到生活的归属感。

善

"每个人都是一束光，我希望'光合'不仅给我，也给更多人带来一种智慧的、舒适的新型关系。"陈耀光希望表达一种可亲近的诗意、一种充满着生活美的浪漫主义，并希望"善"成为贯穿其中的主线。

他倡导善意的设计，少一点儿厚重和端庄，少一点儿形式和距离，多一点儿亲和力，多一点儿"诙谐"和"有趣"的感染力。他认为设计的本质在于对人们需求的满足，以及对生活的改善。这样的改善既有物质上的，也有精神上的。用设计将艺术推动成为百姓生活的常态，是他一直以来努力的方向。

在2020年西岸艺术与设计博览会上，他与光合机构联合创始人娄艳携团队设计合伙人朱啸尘等集体呈现的融合展览"光盒物仓"惊艳了无数观展者。光合机构以"光盒物仓"为载体，聚焦于器物，以生活空间中不同形态的物品和独特的视角，展示了设计美学与生活智慧。

在这里，物被赋予了生命。由他原创设计的"一线千年"茶餐桌，让千年古木与树脂、亚克力、不锈钢等当代材料做了一次跨世纪的咬合，令岁月的厚重与当代的精致浓缩成东方江南的记忆。正如他反复言说的："如果说设计没有故事，可能就不太像我陈耀光的设计。"

曾在2016年米兰展出的装置作品"局"是一系列黑白棋子坐垫，向世界传递了古老而神秘的东方文化。而在"光盒物仓"展厅中，陈耀光将"局"升级改造，让两千年的厚重融入甜美的"马卡龙"。新的坐垫可随机变身为茶几和靠垫，形成色彩缤纷、轻松惬意的休息场。甜美可爱的视觉形象刺激感官，令人产生香甜的味觉感受，进而又升华为亲近和欢喜的整体感受。

▲ 韩美林艺术馆北京馆（图片由光合机构、典尚设计提供）

▲ 浙江美术馆（图片由光合机构、典尚设计提供）

如此，生活中简单的物件便衍生为令人愉悦的艺术品，生活和艺术便跨越了隔阂，实现了善意的拥抱。

陈耀光希望通过重新梳理物与艺术品的形态，令展示陈列达到观众最可触摸的距离，营造亲切、有温度的观赏感受，从而让艺术不再冷漠，不再高深，也不再拒人千里之外。

在他看来，无论空间系统，还是一个创意产品，一定要被赋予情绪。设计的善意，不应是设有门槛和阶层的艺术鉴赏和评判，而应是更易接近和打动人心的温度和共情。

在这善意的背后，看似随性的探索，其实一直遵循着逻辑严谨的规律。从他自己的讲述来看，好奇心的诱惑，是其中最大的伏笔，而旁观者却可从中见其师者风范。

师

他之所以被称为当下中国室内设计圈的大师级人物，不仅仅在于其过往三十余年的成就，更在于其师者之心。除了自成一派的设计，他还是中国设计界第一家自发性公益基金会"创基金"的创始理事之一，致力于推动中国设计教育事业的传承和发展。

对于年轻设计师，他发自内心地欣赏和包容。站在师者的角度，他拥有一双发现善和美的眼睛，常常由衷地赞美年轻人天真、美好的性情，发现他们拥抱生活、家庭、自然万物的天然爱心。他坚信生活在东西方文化碰撞中的年轻一代，是未来推动设计，乃至中国文化的主力。他鼓励年轻人形成独立的判断力和思考意识，听从自己内心的呼声，读懂生命的意义，看清自己的方向。

在他看来，设计师既要树立远大的理想，又不能忽视对生活细微而敏锐的感知。年轻人固然要面对家庭生活的沉重压力和琐碎日常，但至少可以打开窗子观察自己的社区、绿色的院子，甚至街区广场上偶然遇到的一棵树、一面涂鸦墙，在间隙中寻找和感悟温暖、友善、美好。师者的谆谆善意，在陈耀光身上也呈现出了独有的诗意。

诗意，大概是陈耀光带给成人世界最独特的美好童话。他以设计、以艺术、以各种跨界表达，真诚、自然、温柔地和每个人对话，滋润每一个热爱生命的灵魂。

▲ 陈耀光原创设计艺术家具·茶餐桌"一线千年"（图片由光合机构、典尚设计提供）

CUI
HUAFENG
崔华峰
· 广州崔华峰设计有限公司
创始人、设计总监

MODERNITY ·
ORIENTALISM
当代·东方

崔华峰，中国当代东方设计领军人物，广州美术学院及山东建筑大学客座教授。

"当代·东方"是他的研究方向。他主张秉承东方文化的智慧思想，以现代手法对其进行再主张、再创作，响应当代人的生活思考。

当代·东方的形成

"东西方文化的交融与碰撞，在历史上就没有停止过。"崔华峰说。改革开放以后，随着社会的发展及文化的交流，西方文化不断影响国人的生活方式和审美习惯，同样也影响着中国室内设计的发展方向。但是，如今随着中国国家综合国力和国人文化自信的不断提升，中国室内设计也越来越注重对中国优秀传统文化的发掘转译和兑现。

说到崔华峰的设计灵感来源，他笑称自己是个喜欢"偷懒"的人，"我不喜欢绕远，喜欢走直线，作为中国设计师，我自觉地意识到东方文化离我们很近，有亲切感，容易理解，是近道，是直道"。他说："我们

不需要再去塑造东方人优质的生活观和生活方式，在历史脉络里就能找到，宋代文人雅士追求的'十乐'就是高品质的生活观。"他喜欢去各个城市的博物馆，研究历代东方人的生活习惯，了解古人的生活起居，以此来找寻设计灵感。

"背靠东方文化这棵大树，好乘凉哈。"对于东方文化，崔华峰有自己的见解，"我认为东方文化是智慧的，用其来指导今天的生活是完全有积极意义的，当然我一点儿不排斥新材料、新技术的应用。"但是这不代表一味地照搬照抄，我们要理解自己生存的时代，发挥自己的主观能动性，结合时代特性进行再创造。

在崔华峰看来，可以用三句话总结自己的"当代东方"设计理念："东方文化是我们本身自有的 DNA（基因）；传承转变是时代对我们的要求；我选择的研究方向是当代东方，用东方话讲国际语。"

这是最好的时代

随着中国国际地位的不断提升，国人的文化自信提高，

▲ 场景（摄影：崔华峰）

▲ 场景（摄影：崔华峰）

消费水平及审美能力也不断提高，中国本土创新制造能力升级，中华文化受到异常火热的关注。设计师汲取传统文化精华，新作井喷，这是中华文化传承发展的最好时代。

在这个最好的时代，崔华峰认为设计师还是要坚持初心并爱护好自己的 DNA，踏实工作，但除此之外，也要关注国际上新技术、新材料的发展，要用国际化的、现代化的手段服务好时代客户。

"以前社会上之所以崇尚国外的产品，很大程度上是因为大家认为它们的质量是可靠的。"在这个时代，除了做好服务，我们还要将设计产品的质量提高，大家对产品已经不满足于只是物质上的好，还有文化、精神、审美上的需求。"我们能将东方设计的品质和文化介绍给世界。"崔华峰坚定地说。

最后，崔华峰建议设计师要抱着一种终身学习的态度，这个学习不仅是技能的学习，还有文化、生活等方面的学习。"我们都在等机会，你明白的……"

设计源于生活

面对不断更新迭代的时尚潮流，崔华峰笑称自己欣赏时尚，但不太"入流"。

在他的潜意识里，时尚潮流似乎是商人为生意而制造出来的，设计潮流有可能是设计师提出来的。时尚潮流是流动的，随时可能成为过去式，对于设计师而言，与其追逐时尚潮流，不如"过好生活，做好设计，别搞事儿"。

时尚对应的词是"经典"，历史上很多经典都源于时尚。在设计上，崔华峰的观点是（空间）硬经典，（人和物）软时尚。如果执意说设计师要追逐潮流，那只有一股潮流源："新设计源于新生活。"

"如果要把设计做得很优秀，最根本的是寻找到生活的本源。美只是女孩儿们的口红。"崔华峰这样认为。

▲ 六喜（图片由广州崔华峰设计有限公司提供）

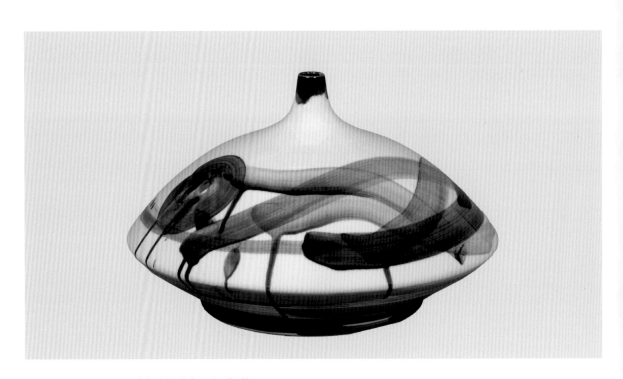

▲ 如意鱼（图片由广州崔华峰设计有限公司提供）

▲ 籁得肯定（图片由广州崔华峰设计有限公司提供）

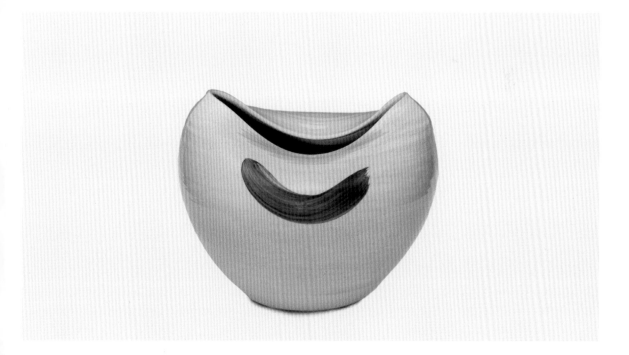

▲ 元宝（图片由广州崔华峰设计有限公司提供）

CUI SHU
崔树

· CUN DESIGN 寸品牌创始人

A LIFE THAT DEFINED AS
CUN'S STYLE
有一种人生，很崔树

崔树，不是一个名词，而是一个形容词，就是一个把事物做到极致，还在不断探索边界的形容词。他的身上有种"矛盾的惯性"——极度感性的背后是极度的理性，极度放肆的背后是极度的克制，看似打破秩序的背后是对秩序的尊重。

滑雪、跳伞、赛车、攀岩……崔树喜欢在极限运动中体验生命的自由与失重，但能够在自由和失重中保持足够的清醒和理性，去体会、判断和掌控极限运动所带来的快感。很难想象，一个人在一件事中，要同时体会感性和理性的快感是多么"变态"，而这只是他生命的惯性。

他用一种"新的惯性、新的张力、新的透彻、新的矛盾、新的和解……"来冲撞和打破"年轻的设计"的边界，让"年轻的设计拥有更大的生存空间"。看似为自己的"肆意而活"的背后，是为设计行业"年轻而活"的负重而行。

崔树是幸运的，带着少年的孤勇，在设计的征途上一路狂奔。最初，他只是一个喜欢画画的少年，因为成绩不错就报考了分数最高的设计专业。少年难免浑噩，那时他并不清楚设计是什么。直到大三，一位专业老师告诫他："如果要做设计师，首先要严谨起来。设计师不是做纯艺术，而是在严谨的科学美学基础之上，输出解决问题的方式。"

那一刻，如醍醐灌顶一般，使崔树领悟到了设计的内涵与边界。自此，在创意之外，严谨也慢慢成了他身上抹不去的烙印。老师当初那句话，让他持续地思考着如何用设计巧妙地解决问题又不失创意，突破式地满足别人的需求。

毕业十年，上下求索。他遇到过善意的老板，老板告诉他不要抱着功利的目的去做设计，而要去热爱与享受；也曾有三年的时间，他每天工作超过十四个小时，去掌握最新的设计技术；他还经历过两次创业失败，变得一无所有，最终卖掉自己心爱的摩托车来度过艰难的岁月。

2015年，在第一届"中国设计星"全国竞选演讲会上，35岁的崔树用了十分钟介绍自己和自己的设计。这一次，崔树一举得冠。他常说："为了那十分钟，我其实默默准备了十年。"或许这句话是对"中国设计星"

▲ 24H 齿轮厂文创园办公室（摄影：王厅）

▲ 大象群文化传媒办公空间（摄影：王厅）

发起人张宏毅先生最由衷的赞美和感谢，也或许是崔树写给已逝三年的张宏毅先生最好的墓志铭。每每提及起张先生，崔树都很动情。说者易，行者难，他说张先生为了让年轻设计师崭露头角，在很大压力下创办了"中国设计星"。

如果说张先生是"中国设计星"之父的话，崔树、王帅、张耀天、周游……便是"中国设计星"之子。崔树创立 CUN DESIGN 寸品牌后，还创办了自媒体"寸匠"，旨在为年轻设计师发声发力。他还发起了"一票思考"线下活动，在培养年轻设计师成长上不遗余力。

张宏毅也好，崔树也好，都希望中国年轻设计师早日崛起，在世界设计史上形成中国力量。

有一种思考，很崔树

崔树给自己创办的设计公司取名为"寸"。"寸"，取自崔树名字的一部分，也是中国文化中一个很特别的字：一寸光阴一寸金，是时间的度量；方寸之间自有天地，是空间的尺度；作为度量衡，寸无形中也代表着中国。

"很多上班族每周在办公室里最少要待四十个小时，在这个时间段中，我们更应该给这些输出价值的人提供一个更好的工作环境。"他说。

过去，人们对办公室的印象，似乎总是规整的格子间，整齐的办公桌、办公椅……崔树要做的是打破与重建，让空间不只是功能的合集，更是真正以人为尺度，拥有更多维想象空间的地方。对于办公空间，崔树其实有着很深的思考。每一年，CUN DESIGN 寸都会在国际杂志上发布办公空间的趋势关键词，与全球设计师进行对话碰撞。2016 年，CUN DESIGN 寸提出关注办公空间里的时间；2017 年关注办公空间里的宽容度；2018 年关注办公空间里的科技；2019 年关注办公与人的尺度；2020 年关注办公空间里的健康。

有一种方法，很崔树

崔树有一个习惯，每过两年，就会清空一次之前的资料库与

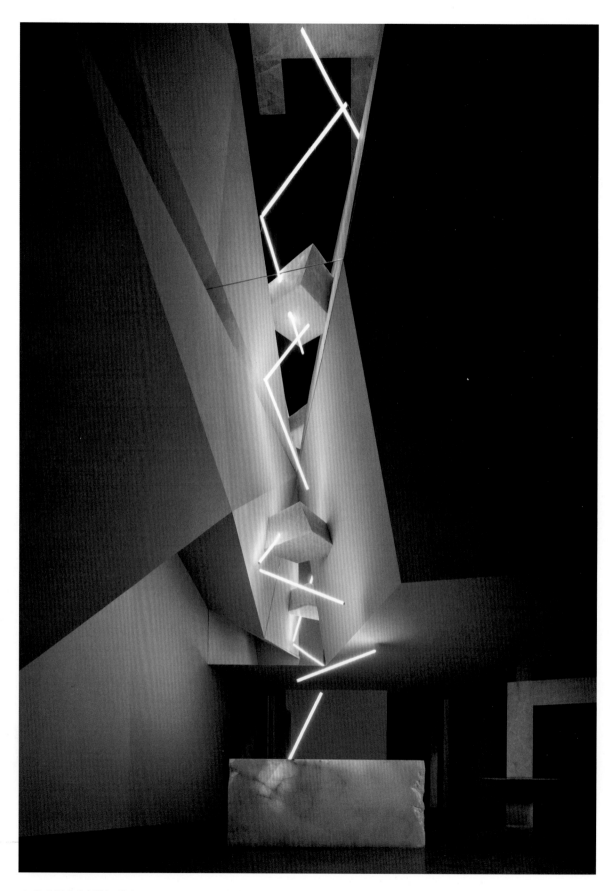

▲ 柳宗源北京摄影工作室 UTTER SPACE（摄影：王厅）

案例，避免陷入"经验主义"的圈套。"不做经验设计的奴隶，不做审美趋势的附庸者"是崔树的信条。"我们认为设计的目的地从来不是美，它应该更遥远、更重要，是准确，是智慧，是解决问题后的豁然开朗，是基于方法论的美好呈现。"

对于视觉效果，崔树其实有着非常清醒的认识，"客户往往会说'我想要一个什么风格的商业空间'，但是设计师一定要清晰地知道，商业空间是一个运营道具，这个道具的目的首先是要盈利，它的诉求、形式是围绕着盈利目的而形成的。当然，追求美丽的样貌不是错误，但那不是排在第一位的需求。"

如北京 751D·PARK 时尚设计广场的改造，很多人都觉得这空间很酷。为了追求极致，他和团队研究了要售卖的近 1000 件商品的数据与尺寸，为每一件商品找到了适宜的摆放位置：茶具，放在较低的地方，看起来会更好看；瓷器，摆在较高的位置，会更具观赏性；一些吊灯，垂挂在更高处，更有场景感……

你很难想象，这种极度理性的商业考虑和近乎变态的严谨逻辑，是一个设计师做的事情。但，这就是崔树。

有一种信仰，很崔树

探求事物的本质，是崔树的本能，拨开重重迷雾，直到所有路径都变得透彻明晰，譬如，对于竹的运用。在竹身上，中国人赋予了太多文化和精神的内涵："虚心竹有低头叶"的谦逊，"不可居无竹"的清雅，"千磨万击还坚劲"的坚韧……但是崔树，却试图抽离掉这些文化内涵，将其还原成一种原始的、自然的材质。于是，在不同的空间里，竹找回了它自己，拥有了千变万化的想象：可以是竹片的拼接，营造整个空间的东方韵味；可以是一道旋转楼梯，消解掉钢筋水泥的冰冷，呼唤自然的亲切与片刻的舒缓；亦可在瓷砖上去寻找虚与实的意象，"实"处，是竹的肌理、质感、躯干，"虚"处，则是竹的韵、竹的势。

"我不认为我们要把竹子做成任何一个历史过程中出现过的竹子的样子，因为那是我们的祖先用他们的智慧创造出来的，在今天的中国，我们能用自然材料创造什么，那是我们在今天该做的事情。"忘掉过往的经验，让空间回归当下，让材料回归原点，于是无限可能便会生发出来。而所有基于当下的思考，本身就是中国的，是一种更高级的东方感："虽无中国形，却得中国意。"

有一种负重，很崔树

崔树依然记得，2015 年与张宏毅先生第一次在北京相遇时，张先生曾语重心长地讲："小伙伴，中国年轻设计师不比什么国际的差，你们想要精彩，广州设计周来搭舞台。"于是便有了第一届的"中国设计星"，也有了属于崔树的宝贵的十分钟。对崔树来说，张宏毅先生是师，是友，更是中国设计路上的燃灯人。只是，2017 年 10 月，这盏灯永远地熄灭了。张宏毅先生离开了，带着未竟的心愿。

深恸之后，崔树终是承担起了这份未完的嘱托。"20多岁的时候，我找不到一家媒体愿意发布我那时稚嫩的作品，因为那上不了台面。但我在想如果在我 20多岁的时候，有一家媒体能发表我的作品，那对我该是多大的鼓励。"

所以他创建了"寸匠"平台，为青年设计师发声。"如果他是一个年轻的设计师，觉得自己的作品不错，我们就帮他做一个发布，形成讨论，然后更多年轻的设计师会在讨论中得到成长。"

他还发起了"一票思考"的活动，将各个城市的优秀设计师聚集到"寸"空间，毫无保留地与他们沟通，提出改进意见。

崔树在认真的态度里，似乎完成了与张宏毅先生的某种交接。背负着大家的信任，崔树常觉身上有一种不可推脱的责任。这种责任推着他义无反顾，只能向前。他是在寻找自己，但无形中，他自己的身影与"中国设计"渐渐重合。

任重道远，但点点星火已经燃起。

（文案：谁最中国）

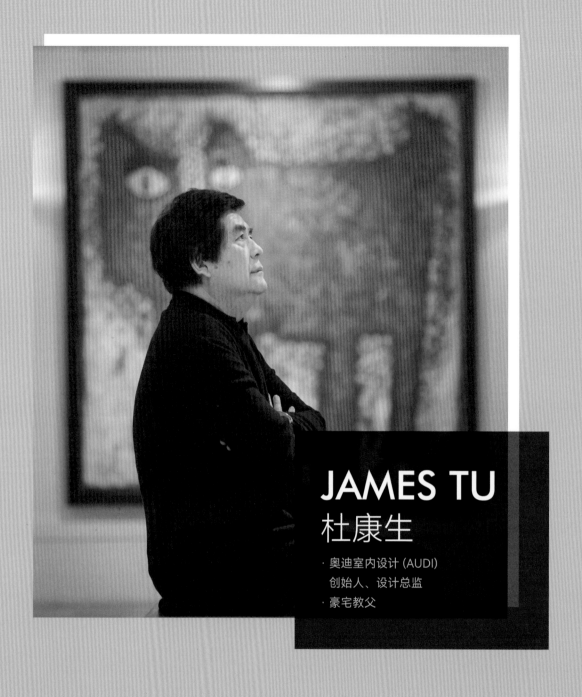

JAMES TU
杜康生

· 奥迪室内设计 (AUDI)
  创始人、设计总监
· 豪宅教父

START WITH STYLE, CRAFTSMANSHIP IN
HEART, BECOME PROFESSIONAL
始于行，匠于势，成于专

在设计圈里，杜康生被称为"豪宅教父"，这是有据可循的。在历年的"亚洲十大超级豪宅"中，他带领的奥迪室内设计团队共参与过七个项目的设计，包括傲璇（香港）、帝宝（台湾）、文华苑（台湾）、皇翔御琚（台湾）、元利信义联勤（台湾）、汤臣一品（上海）、百督府（福州）。

他是中国室内设计界当之无愧的中坚力量，以带有浓烈个人标签的作品，向世人输出对设计的热爱与执着，也在建筑和空间里不断探索多变的美学符号。

顺势而为

时代为先驱者们所共创，而时代的大势成就和记录着先驱者们的顺势而为。中国经济腾飞带来的巨大机遇，城市建设塑造的风口契机，创造了一个中国室内设计的黄金时代。

总有些人的故事，发生在时代发展的脉络里，那些故事既是个人的成长史，又融入了宏大的家国历史。可以说，一路走来，杜康生本人就是一部设计史，也是一部励志史。

杜康生从小就喜欢绘画，也颇有天赋，不过彼时他梦想成为一名建筑师。至今他最喜欢的设计大师，依然是美国最伟大的建筑师之一弗兰克 · 劳埃德 · 赖特。受其影响，他希望自己能够像这位国际大师一样，建造出不朽的建筑，光耀于世。长大后，他考入台湾地区知名学府中原大学建筑系，一步一步坚定地走向儿时的梦想。

当时恰逢房地产行业日渐兴盛，中国室内设计行业发展初露端倪。在国内设计发展的大背景与个人未来规划的双重考量下，杜康生最终选择成为一名室内设计师。

在同时代众多跨入室内设计行业的人中，天马行空的思维、建筑系的科班功底，都是他得天独厚的优势。在完成初步探索和积累后，他紧紧抓住时机，成立奥迪室内设计团队，通过团队合作让设计发挥更大的影响力。

他的团队也曾进行历史建筑改造、商业空间设计，甚至是地产开发、建设等阶段性尝试，这些都使他们获得了良好的全局观，为后来的豪宅样板间和高端商业空间等设计作品奠定了基础。

▲ 杭州中海黄龙云起（摄影：张骑麟）

▲ 尚东柏悦府公寓样板房（摄影：张骑麟）

遍地开花

所有走过的设计之路，皆是成名前的积累。那些默默奋战过的平凡岁月与即使遭遇质疑也迎难而上的执着，成就了如今的高光时刻。真正让杜康生一战成名的是当时有"中国台湾第一豪宅"之称的宏盛帝宝。

当时，项目困难重重，工程时间紧张，预算不足，以及空间的先天缺点，都是不可逃避的挑战。杜康生几乎将自己每一天的二十四个小时都贡献给这个项目，从设计构思到项目落地都亲力亲为。所有的目的只有一个，让项目以最好的效果呈现。这样的投入不只针对这一个项目，而是一种习惯。"专业创意的精进"与"做到最好的执着"两条主线，始终贯穿于他的设计生涯，也说明他的一战成名不是偶然，而是必然。

宏盛帝宝的设计面世后，该住宅便由"鲜有人问津"逆袭为"抢手热卖"，并创下台湾地区史上最高成交价。随之而火的，还有它的设计师杜康生——"台湾豪宅王"的美名开始吸引越来越多的业主与甲方，他的事业也上了一个新台阶。

自此，他开始进军大陆，并将上海选为公司发展的第一站，其中有着房地产市场风生水起的大势所趋，更有他对自我专业积累的自信。2008 年，奥迪室内设计在上海组建分公司，业务不仅限于豪宅设计，还涉及历史建筑、高级会所、酒店、地产商样板房等。大陆市场的巨大空间，让杜康生的实力得以彻底释放，也让他迎来如鱼得水的十年。上海汤臣一品、外滩 26 号、汤臣高尔夫别墅、上海洲际酒店等知名室内设计项目，使他迅速在大陆打开了知名度，也迎来新一轮的事业腾飞。

作品是最好的代言，为他吸引了越来越多的客户，于是深圳和香港分公司的成立水到渠成。杜康生的事业开始遍地开花，同时也在全国范围内声名鹊起。这个过程有多长？三十余年。

站在室内设计蓬勃发展的当下回望，三十余年的探索历程被浓缩成过往的几个瞬间，设计大师的起点、转折、高光，都被时代不偏不倚地记录着。

▲ 傲璇（摄影：张骑麟）

专注匠人

在显性的"豪宅教父"名头之外,"专注的设计匠人"是杜康生的隐性标签。"我的设计容不得半点马虎,即使项目再多,也必须亲力亲为,对所有的客户负责!"在不同的场合,他反复提到这一理念,并将其贯彻于自己的设计中。相比奥迪室内设计团队的创始人角色,他其实更像是一个专业"带头人"。轻管理、重设计,是他在实践工作中展示出的定位。

匠人的精神在于专注。让专业的人做专业的事情,永远是真理,而彼此信任则是其中的精髓。他将运营、财务等交给专业人员,鲜少过问,更不会干涉。但是对于设计,他从不假手于人,从创意到实施,他对自己的输出有着极高的校验标准,甚至软装定制的细节,都以精细的标准去把控。匠人的进取在于坚守,对正确的方向丝毫不打折扣,这种执着在杜康生年轻时便已显露无遗。为了完成枯燥的学业考核,他可以不眠不休;为了挑战看似不可能的设计,他死磕到底且不计得失。即使声名渐起,他依旧不断探索继续前进的新路线。

对一位久经考验的设计师来说,每一次项目最难的已经不是专业上的表达,而是始终如一的匠心自律,以及对内容的挖掘与创新。围绕豪宅这一领域,从古典到现代,从私宅到商业空间,他总能游刃有余,突破自己,并始终坚守理想,沉醉于设计内容,按照自己的逻辑线探索设计的本质。

立足于豪宅这条主线,他始终在深挖能够真正匹配其稀缺性的设计。在他看来,豪宅要有与期待相匹配的品质,除去地段、外形的独一无二,更重在建造品质和生活品质的不可取代。魂胜于形,才是对豪宅空间的最终定义。奢华的外表和昂贵的材料并不是必要条件,设计更应挖掘空间背后的故事和人文精神。匠心永不会被埋没。他的空间项目终究大放异彩,以不同的风格形态,使物质与精神契合,带有豪而不奢的美学内涵,讲述不同的故事。空间有声,自不必言。在杜康生身上,三十余年的设计创作,伴随着的一直是

每个项目亲力亲为的"苦行僧"生活,这与人前显赫的名气一起,才是大师职业生涯的缩影。

自我修炼

时代在每个个体面前都是不偏不倚的,时势造就的英雄,不但要勇立潮头,更要有匹配的才略。顺势而为成就了杜康生的名气和事业,永不停歇的自我修炼让他得以借势而动。设计集大成者们总有相似之处,比如,都喜欢与时俱进地学习,乐此不疲地拓宽视野与修炼内功,尽管他们的人生已经进入一个又一个辉煌的阶段。

阅读是杜康生的习惯,大半面的书墙里藏着他新知积蓄的印记,更是他创作思想源源不竭的永动力。即使已光环加身,他也从不放过每一次向别人学习的机会。不管出差还是旅行,他都不忘去寻访当地最好的酒店设计,参观当地知名样板间,以此为研究,甚至当场做下记录。从手绘时代到网络时代,他不仅仅是见证者,也是践行者,一切从头学起,与新时代齐头并进,用新技术加持自己的设计,创作出一系列好评如潮的作品。对于后辈来说,他不仅仅是专业上的榜样,还是谆谆教诲的师者。他的团队十分重视对年轻设计者的培养,工作的过程充满学习的氛围。他常组织团队做头脑风暴,鼓励年轻人发散思维,他将自身的经验融入思维碰撞,引导他们自我思考和进步。

在公司运营上,他拒绝一味追求利润,更注重给团队提供机会去尝试不同层次的设计。在每一个发言的场合,他都语重心长嘱托年轻设计师:要真正做到顶尖,需要长年的积累与历练,要耐得住寂寞,经受住打磨,才能够收获更丰硕的果实。

从中国室内设计的拓荒时代开始,杜康生便作为先锋者,与众多大师一起为后来者写下了指路牌。在新的时代,他仍旧像个热血青年,放弃舒适、自由,从零开始学习每一项新技能。在超越自我的道路上充满永不停歇的热爱,是他以自己的人生修炼为后来者带来的启迪。

FAN RIQIAO
范日桥

· 上瑞元筑设计有限公司
  创始合伙人、总监、上海事务所负责人
· 中国建筑装饰协会高级室内建筑师
· 中国建筑装饰协会设计委员会委员
· 江南大学设计学院硕士专业学位合作指导教师

THE EVOLUTION OF BUSINESS DESIGN
商业设计之进化论

从业二十余年，他输出了厨房乐章、孟非小面、桔子水晶酒店、华谊影城电影文化体验园系列餐厅等一系列知名商业设计作品，屡获设计和艺术大奖，其商业设计的版图也不断扩展至会所、水疗、大宅等更多元的维度。

飞速发展的二十余年

范日桥是环境艺术专业出身，后来进入室内设计行业，到现在已有二十多年了。当年的同学大部分已经离开了设计行业，而他因为热爱一直在设计行业深耕，如今终于有所成就。

在那个室内设计行业发展缓慢的年代，大部分设计公司还在靠装修施工收费，而他的公司已经成为无锡第一批靠设计收费的室内设计公司之一，且是唯一一家以纯设计运营的设计公司。通过大量的设计实践，他积累了专业经验和商业知识，逐步建立了自己的方法论和设计逻辑，形成了自己的风格与表达语言。

经济大环境的突飞猛进，尤其是移动互联网时代的来临，极大地推动了市场消费观念及生活审美层次的提高，他再次牢牢抓住这一契机，以新的设计思路，积极打破传统的做法。

"你要跟着时代的发展趋势，寻找可以带来红利的赛道。"敏锐的触角，让范日桥带领着他所创立的上瑞元筑设计快速奔跑，由无锡发展到上海、苏州等地，"我们公司进入上海的这八年，发展比我们前面的十五年都快，简直是翻天覆地的变化"。

他在室内设计这一赛道的奔跑，以及整个公司的发展，正是室内设计行业这些年飞速发展的一个缩影。

作为一个追求创意和创新的行业，范日桥与他的公司都有着极其开放的格局。他鼓励年轻人学习、实践，大胆接受挑战，并尽量为他们提供机会，培养他们迅速成为独当一面的能者。

"飞速的发展给年轻人带来了更多的机会，让他们的成长更快。我们毕业的时候可能一年就做两个项目，能积累多少经验？而现在的年轻人一年甚至可以做十几个项目，新毕业的学生到我们公司来，锻炼两年就可以独立操作一个完整的空间项目。"年轻人与公司一起成长，形成了互相促进的良性循环。

以餐饮设计为开端，范日桥的商业设计不断拓展至酒店、水疗、院线影院等空间，他在商业设计上的成就也日渐呈现出独特的价值。

冶春茶社无锡南下塘店（摄影：YUUUUN STUDIO）

▲ 冶春茶社无锡南下塘店（摄影：YUUUUN STUDIO）

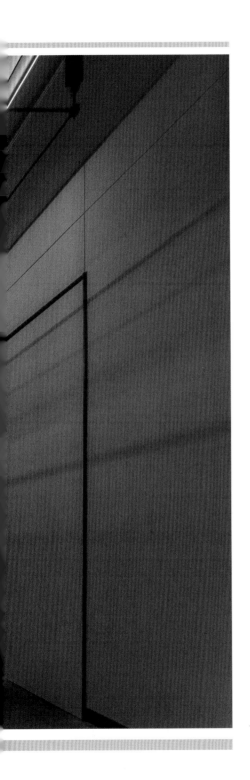

以设计之美成就商业之美

"我们所承接的一切商业服务，或者说空间设计，都是围绕委托者的品牌来进行的，也就是为了增强消费者对企业的品牌认知。"作为一名成熟的商业空间设计者，范日桥早已形成了自己的设计逻辑。

他清醒地认识到，作为商业空间设计师，应永远以品牌分析为第一要务，从品牌的维度去看待空间，在品牌和空间之间找到一个最合适的平衡点去做设计服务。

"因为品牌所要表达的每一项信息，都是需要一个体验触点供用户去体验的。设计就是要用这些触点，串联起一张地图，然后在空间里，在用户旅程上构建空间体验。所以品牌、产品、服务等一系列因素，都要被整合在其中，在空间里面一一体现……"在范日桥看来，商业设计首先是策略，其次才是设计表达。所以，商业逻辑、市场模型、商业心理、当代艺术和建筑，是一个商业空间设计师的基本知识储备。

他更像是商业空间营销方面的专家，对品牌在不同空间有着独特的运营定位，比如，关于是口味型还是品位型的定位。他将餐饮定义为两种类型：气氛型和气质型，气氛是空间的口味，气质则是空间的品位，并以此为基础在设计中确定某一空间更偏向的类型定位，让商业空间实现最大的附加值。

不管在访谈中还是在演讲分享中，"设计之美"与"商业之美"都是他提到最多的两个概念。他在这两者之间也找到了最佳的平衡点。带有换位思考的运营视角成为他的设计作品中独树一帜的核心竞争力。

冶春茶社无锡南下塘店（摄影：YUUUUN STUDIO）

多面爱好，与时俱进

"我最近在看项飙、吴琦的《把自己作为方法》，我现在要求自己每天都要阅读。阅读和思考是设计师或者创意者学习逻辑思维的基本方法。我们都是视觉动物，一定要做文字阅读，只有不断建立观念和思维，才能让自己更具持续的创造力。"

谈到阅读，范日桥认为，在社会快速发展的今天，人很容易就被各种信息裹挟和绑架，而文字阅读能让人一直保持思考，不失去自己的节奏。

在专业上，他是一个积极进取型的设计者，始终坚持探索和完善独属于自己的设计语言。尽管他在自己的领域已经有了非常高的成就，但他仍不断去研究和学习国内外著名建筑设计师的理论和作品，从他们的表达中学习，然后融合自己的理解，去进化自己的设计语言。

生活中的他喜欢旅游、足球、军事、政治评论，等等，这给了他丰富的生活见解。在快速发展的社会，有的人会被时代裹挟，随波逐流，失去了自己的意志。面对同样的社会问题，范日桥却一直坚持自己的节奏，不管在生活上还是设计上，都在与时俱进。

▲ 冶春茶社无锡南下塘店（摄影：YUUUUN STUDIO）

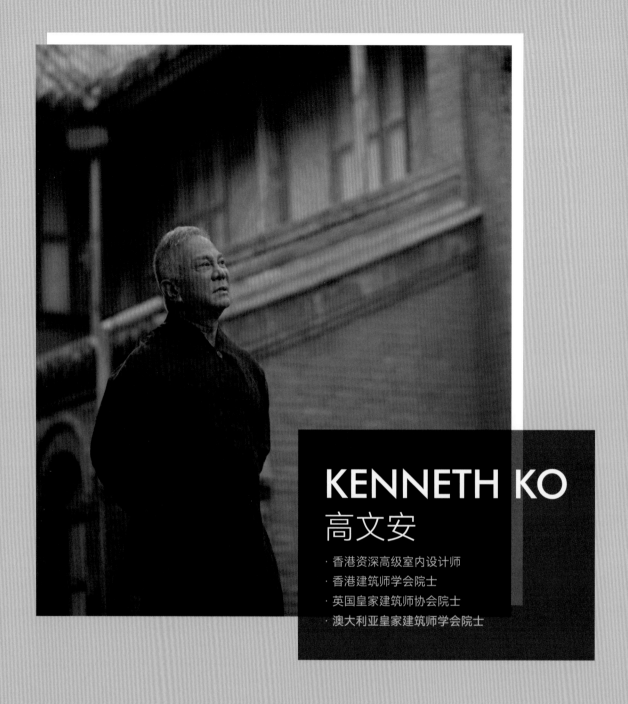

KENNETH KO
高文安

· 香港资深高级室内设计师
· 香港建筑师学会院士
· 英国皇家建筑师协会院士
· 澳大利亚皇家建筑师学会院士

GOOD DESIGN COMES FROM GOOD
ATTITUDE TOWARDS LIFE
好的生活态度，成就好的作品

他被称为"香港设计师之父",是中国香港由建筑师转为室内设计师的第一人,也是香港第一个为品牌做代言人的室内设计师。

他有着传奇的履历:30岁转行做室内设计;50岁开始专业健身;53岁被港媒评为十大魅力男性,带动了香港的健身热潮;60岁开创包含面馆、咖啡厅、健身馆、理发店在内的MY系列生活品牌馆,并把面馆和咖啡开进了故宫;在事业获得如此成功的时候,70岁又开始致力于中国传统文化的保护和传承……

游历人生

1949年,年幼的高文安随全家移居香港,作为八名子女中最小的孩子,高文安虽受宠但并没有被溺爱,母亲严厉的教育与父亲的刻意栽培使得高文安从小就养成了独立自主的个性。1961年,高文安高中毕业后成为香港地区第一批留学生,去澳大利亚墨尔本大学就读建筑专业。在留学的七年里,他埋首学业,只以书信报平安,后以一级荣誉毕业,并荣获建筑系学士之设计优异奖及皮克顿·霍普金斯奖,其毕业作品至今被墨尔本大学留校收藏。

高文安特别喜欢旅游,他曾周游世界,足迹遍布五大洲、四十六个国家。生活因为他无法抑制的热情而过于丰富,他也似乎可以在任何时候开始一段新的旅程,并且乐此不疲。

故宫里的那碗面

高文安一直有个心愿——保护中国古建筑。

那一年,故宫的星巴克被迫关门,高文安看到这个新闻,下了飞机之后立刻给北京故宫博物院当时的院长发了封邮件,希望能够跟故宫合作,然而并没有得到回应。之后,他花了三年,终于凭借自己的诚心与实力打动了北京故宫博物院的院长,让他走进故宫,开了面馆和咖啡馆。

一个建筑师开面馆和咖啡馆,似乎有点不务正业,高文安也因此迎来了一些质疑。但在他看来,他是要通过这个行动表达他对有六百多年历史的古建筑的呵护之心。

出于保护建筑文物的初心,高文安在这个300多平方米的故宫餐厅的设计上花了很多心血,光施工就花了十八个月,做到了不在木头上钉一颗钉子,所有的灯具、空调及消防设备都用一个铁环包起来,然后挂在柱子上面。虽然后面因为一些曲折,高文安带着遗憾离开了故宫,但是他不后悔,因为他完成了他的心愿。

▲ 深圳宝安华强城营销中心(图片由深圳高文安设计有限公司提供)

▲ 深圳宝安华强城营销中心（图片由深圳高文安设计有限公司提供）

他希望有更多的设计师将中国传统元素融入设计，将中国的传统文化传播到世界各地。

从不给自己设限

跨界、转型也是他从不给自己设限的一种体现。大学主攻建筑设计的高文安，于 1970 年毕业，然后在香港发展。参与过一些项目后，他觉得开发商过于忽略室内设计环节，于是毅然决然地转行室内设计。

优秀的人真的干一行行一行。转行做室内设计的高文安，凭借优秀的作品，逐渐获得了市场的极大认可。入行多年，高文安获奖无数，包括香港室内设计师协会终身成就大奖、国际室内建筑师与设计师团体联盟（IFI）"重大国际成就表彰"等，甚至被称为"中国室内设计第一人"。

60 岁时，高文安又一次跨界，创立了 MY 系列生活品牌馆，并获得了巨大成功。在他的眼里，设计师可以勇敢跨界转型，但要始终明确自己的主业，并且有面对失败从头再来的勇气，认定了就坚持去做，不能半途而废。

在很多人看来，人到了 70 岁就该颐养天年了，但高文安不认同。他认为，70 岁人生的下半场才刚刚开始。70 岁的他仍然不给自己设限，只要身体健康状况允许，他依然奋战在设计的第一线。

近些年，随着年龄的增长，他对设计的热情更是有增无减，他会发挥自己的能力去做一些公益性质的事情，如做一些古村落改造之类弘扬民族传统文化的项目。他很享受设计工作带给他的成就感与满足感，也希望自己可以为设计奋斗终身。

▲ 云南丽江瑞吉别墅（图片由深圳高文安设计有限公司提供）

▲ 珠海华发水郡 W4 别墅（图片由深圳高文安设计有限公司提供）

GAO ZHIQIANG
高志强

· 中设筑邦（北京）建筑设计研究院副院长
· 中国建筑装饰协会中国设计年度
  人物大会执行委员会委员
· AFFD 设计事务所总建筑师

EXPRESS THE EMOTION OF THE SPACE
WITH THE HEART OF THE BENEVOLENT
以仁者之心，讲述空间情绪

深厚的思想积淀与清晰的表达条理是我们与高志强对话的直接感受。在谈话中，他没有对设计做过多艺术和诗性的表达，只以充满理性的分析和幽默易懂的比喻，阐述设计的本质和自己的观点，但他对每一个问题的解答，都令我们感到叹服。

空间的情绪设计

"空间的情绪设计"是高志强最显性的个人标签，在无数个采访和分享的场合被问及，但每一次他都能以不同且有趣的方式深入浅出地阐述他对于这一理念的思考与实践。

这一次，他以现场采访的体验为切入点，以从嘈杂空间转入安静空间的现实感受为例，分析空间设计对人的情绪的直观影响。这样平易近人的理论表达，不仅体现了他在设计专业上的高度，更蕴藏着他对生活微观感知的融会贯通。

能够被称为某个细分领域的代表人物或者是领军人物的人，大多是将这一领域做到极致的人。高志强被称为"空间情绪设计师"，因为他总是能够挖掘到人对空间的情绪感受的细节，并将其无限放大。他关注空间与人的关系的大框架，更关注人在其中互动的每一个小细节。他将这些微妙的细节入情入理地融入空间的设计，最终使人在空间中感受到自然与惬意。可以说，他将这一理念做到了极致。

这样的极致真正体现了他为"人"而设计的理念导向，强调人在空间中的最佳生理体验和情绪感受。

这一理念自百度国际大厦设计时提出，后在北京同仁堂粹和康养体验中心、穷游网办公空间、陆川私宅等一系列项目中得到进化，逐步趋于成熟，并最终成为高志强的设计特色。

正向的空间魔法

空间的情绪设计，如同设计师导演的一场魔术，所有的道具，所有的排列组合，都是为了点石为金。

对于空间的情绪，高志强形成了一套独特的设计逻辑：首先采用减法，以现代手法为基础，采用最少的装饰和最自然的设计元素，为空间构建一个清澈的底色，尽可能消除一切繁杂带来的干扰；然后利用色彩、光线、形状、肌理、气味、声音、质感、尺度等元素，以及现代科技和人文历史，为不同的空间注入合适的情绪。

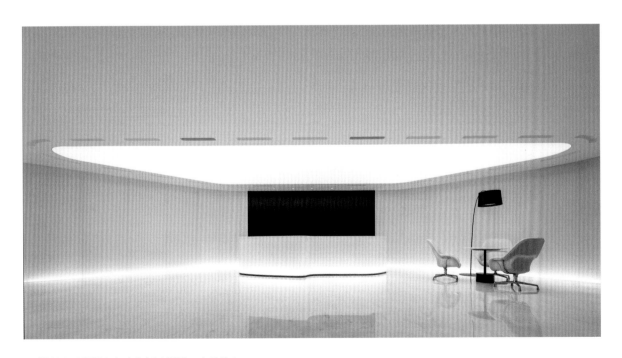

▲ 微尼奥（郑州）办公空间（摄影：史云峰）

▲ 微尼奥（郑州）办公空间（摄影：史云峰）

从他的作品中，我们可以发现设计师更像是空间魔法师，让空间焕发出不同的情绪，去契合使用者的需求。空间的情绪设计充满着想象力与现实感的交织。他做了这样一个对比假设，同样的一个小空间，针对不同的使用者，可能导向不同的情绪体验：对于两个交流者来说，逼仄的空间会导致压抑的情绪，使交流不畅；而对于被审讯者来说，在强光照射下，环境带给受审者的情绪压力，则会让审讯事半功倍。

设计如同一个魔法棒，向左一挥，便能营造出充满安全感的私密空间；向右一挥，便能打造出紧张压抑的氛围。但更多的时候，设计的使命是创造出积极、正能量的情绪价值。在每个项目的设计中，高志强都在力争让这一理论真正落实，让空间设计产生正向的情绪能量。

设计是解决问题的最优呈现

功夫在诗外。支撑高志强形成自己独特的设计理念的是渊博的知识、丰富的实践经验，以及始于设计却不止于设计的博大情怀。

他的设计，往往是在遇到需求或困难时，在寻找答案的过程中自然而然地呈现出来的。成熟的设计师会倾向于寻找相对直接的解决方案，并以巧妙的方式呈现出来。高志强曾师从意大利国宝级建筑师马里奥·贝里尼。贝里尼既复杂又简洁的设计风格，连同那些对美学的恰如其分的拿捏及浪漫发散的想象力，都让他受益匪浅。他不断将所学习和感悟的东西运用于自己的设计实践，尝试以最简洁的设计手法打造优雅的空间。

高志强的深厚积累，源于他将设计与生活、设计与人的感受拉得非常近。这样的融合，并非每一位设计师都能做到，更何况做到纯熟而自然。对高志强来说，不管对设计的表达，还是对专业的理解，都来自对生活的思考。

他对人，甚至动物的情绪，都有着非常细致的关注和琢磨。他会关注学校的空间设计对学生的情绪和行为的影响——如何设计可以让学生更加集中注意力听课或者更放松地与同学交往，如何设计能让学生更快乐，如何设计会影响学生的美

▲ 泊通投资办公室（摄影：Boris Shiu）

育……他还曾经观察一只猫在面对不同的入侵者抢占地盘时会有什么样的情绪。空间的情绪理论早已成为习惯，融入了他对生活的实践。每当约见不同客户时，他都会提前建立客户的"型格（外形、个性、品位）"分析，依据不同的型格，事先策划会见客户时的着装和场合，让客户最快地进入放松的情绪。

仁者以设计怀天下

大道至简，我们看到很多设计师在经历了岁月的沉淀和无数设计实践后，更倾向于舍去一切繁杂，回归对空间本质的探寻、对设计与人的互动性的思考。

相对于功能体验与视觉艺术层面的设计探讨，高志强更注重设计在服务于"人"的更多层面上的作用。他坚持有节制的、高质量的设计，并执着于尽可能延长空间的使用寿命。同时，他也常常思考设计对自然、对环境保护、对社会可持续发展的促进作用。这样的社会责任感，不仅让我们看到了一位设计师以自我专业为社会创造价值的决心，更感受到了一种开阔的视野与广博的胸襟。

对人的"情绪"的关怀，始终贯穿于高志强的设计，这实际上是他仁者胸怀的体现。他还将"善意"拓展至设计之外，与嫣然天使基金合作，共同发起"一平米的温暖"慈善活动，号召设计师从每个项目中捐出一平方米的设计费，帮助唇腭裂儿童找回笑容。仁者感于人之痛，他对情绪的换位思考，使他清晰地感受到了这一群体的心理和情绪，他真心希望看到他们如正常孩子一样微笑，这样动人的初衷也深深地打动了其他同行。

一定要将公益做到实处。他的仁者之心，在这一活动中得到了淋漓尽致的体现。首先，他对自己能不能承担这个任务，让公益活动可持续地开展下去，进行了深度的自我能力评估。然后，出于谨慎的态度，在活动启动之前，他对嫣然天使基金进行了深度考察，也理性地分析了这一公益活动的可行性。

为了保证这一活动的持续推动，他以每个项目为一个目标，联合业主、施工方、材料方等更多力量加入项目，保证活动能够以项目为单位循环运作，并使项目反过来也作用于设计，推动更多优质设计的落地。不仅有创意点，更有实施落地的评估与推进方式，这就是一个富有责任心的设计师的做事风格。

他把"一平米的温暖"当成要深度推进的事情，定向资助唇腭裂儿童。基金的使用去向会定期公示，孩子在接受资助后的信心和快乐重建也在其考虑的范畴内。

不管在设计上回归空间的本质，还是以设计为桥梁做公益，高志强皆以人为核心，关注人的本质需求和情感。这些都体现了一个设计有为者的仁者之心。

▲ 浅在 TEA-Z（摄影：史云峰）

SHUCHANG
KUNG
龚书章

· 台湾阳明交通大学建筑研究所教授
· 台湾设计研究院公共服务委员会召集人

THE IDEALIST OF RATIONALITY AND
FREEDOM
理性与自由的理想者

与龚书章对话时，第一感觉便是信息量的巨大。在每一个问题的互动中，他的答案总是能使人产生很多联想，链接出很多亟待探索的子信息。以设计为主轴，他是一个理性与自由的理想者，把所爱所感都投射其中，以设计为语言纵情表达真实的自己。

多元化的人格魅力

多元化是龚书章的个人特质。他的每一面看上去都反差强烈，且充满对极致的追求。他喜欢摇滚乐，认真玩过乐队；喜欢浓缩了艺术性和冲突性的戏剧和电影，对一切关于人性表达的形式着迷；更喜欢建筑与人文历史的浩瀚与开阔。他注重个人的意愿与成长，但更关注对于社会与人类的思考……他于个人层面上呈现给我们的表象碎片，都指向了一个幽默与敏锐、感性与理性、自我与达观的交叉型人格。

于专业方面，除了身份和设计领域的多元化，龚书章的名字常常和"社会设计"一起出现。他以建筑与室内设计为点，横向和纵向连接更多的群体，触发更多面的力量，探索城市建设的新方向和新可能，以创造性、全局性、多元化的角度打开新的"脑洞"，用"精神 DNA"驱动设计、创意与思想，从而碰撞出新的火花。

多元化的爱好、多元化的思维、多元化的开拓方向，并致力于推动设计的多元化发展，这种层层递进的行为与表现，共同汇集成了龚书章特立独行的人格魅力。这种魅力以设计为引发点，以艺术为内核，以对社会生活与个人精神的深刻解析和表达为底层逻辑，并最终以实体建筑与空间作品为表达方式。

冰山下的火焰

冰山之上是夺目的奇观，冰山之下是永葆探索的火焰。一个人若能自信地向他梦想的方向行进，努力经营他所向往的生活，他是可以获得意想不到的成功的。每一个被别人定义的天才，心中一定有一个清晰的自己。那些被认为是天赋的东西，一定是经过某种内在张力的催化才产生后来的裂变。

龚书章用近十年的时间来丰盈自己，并且是以心中最真实的意愿为指引。中学时期，周围人眼中的他打篮球、听摇滚乐、组乐队、爱电影戏剧等一切艺术形式。广泛的兴趣培养了他广阔的视野和敏锐的触角，开启了他对人文的理解、对世界的理解，成为他后来设计路、人生路上创意和思考方式的强大积淀。

▲ 2013 年总策展 ——中国台北申办"2016 世界设计之都"设计城市展（摄影：汪德范）

▲ 中国台南伯利恒早疗暨融合教育中心（摄影：挈空间）

他认为，设计实践需要设计师具有对设计发展历程的全局视角，以及很高的人文和艺术造诣。前者可以在专业上筑起更高的地基，而后者则能够帮助设计师跳脱出自身习惯，从多元的视角去开拓设计。

一旦有了心中清晰的渴望，就有决心和毅力到达那个地方，这是龚书章的个性。一直以来，龚书章都十分注重人文历史的学习。在哈佛大学读完建筑设计硕士学位之余，他还修完了建筑历史与理论方向的专业学位。站在当下，回头望，他坦言建筑历史与理论在设计上对他的影响，远远高于设计硕士的课程。

扎实的专业素养、基于兴趣之上的骋怀游目、严谨的理性思维、浪漫的感性抒发，让龚书章在专业上融会贯通，在专业外触类旁通。如果说设计是龚书章表达的出口，那这些铺垫和伏笔，便是他表达的入口。

月之暗面

对于龚书章的每一个作品，世人看到的永远是他风格的例外。初见是不曾遇见的惊艳，了解后是恍然大悟的惊叹。丰厚的积淀、变化的视角、以人性为基础的不同情境的设计探讨，成为他不可被复制的设计生态体系的根基。

他最喜欢的一张专辑是英国摇滚乐队平克·弗洛伊德的《月之暗面》。月背一向被视为"秘境中的秘境"，"月之暗面"就像是一种隐喻，影射着人性里最值得被挖掘和理解的一面。人性的真实性和多样形态，恰恰藏在没有被理性照射到的那一面，那里充满了未知，充满了神秘色彩。"月之暗面"强烈地吸引着龚书章，既有的模式千篇一律，而他想要的是那些灵魂深处的各自有趣。

在设计上，他排斥单一形式的反复表达，希望更多潜在的本质能浮现出来，希望每个作品因背后本质、人性与情绪，或者时间记忆的不同，而展示出独一无二的设计面貌。他更希望设计在第一眼的视觉力量之外，能带来共鸣的力量，甚至是灵魂互换的力量。这并不是为了博人眼球而夸大其词，如同他的作品经常在反个人标签和风格外，带给人恍然大悟和

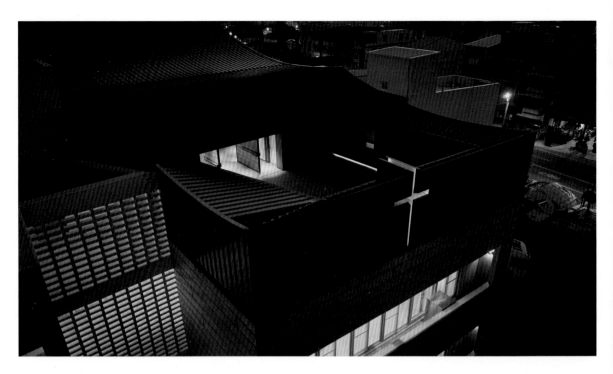

▲ 中国台南伯利恒早疗暨融合教育中心（摄影：挈空间）

▲ 中国台南伯利恒早疗暨融合教育中心（摄影：挈空间）

后知后觉的似曾相识感。他不苛求那种似曾相识感是来自"龚书章"的表达，认为那是一种属于哲学的玄妙，即那个作品前一秒出自"龚书章的思想"，但当下一秒到达观者眼中时，已经成为观者的情感共鸣。其中必须有对人性的准确把握，是对设计师的巨大考验。

2009 年之后，龚书章将更多精力转入了"社会设计"。这是更大格局的思考，也是更多力量的整合。如何把握住其中要义？还是那"月之暗面"的人性。在他看来，不管微小的个人叙事，还是以规模为主体的组织叙事，把理性剥掉以后的人性，才是真正的感情所在。而区别无外乎在于，从探讨和处理材料或空间与人的关系，上升到探讨和处理建筑或公共事务与都市、社会及人群关系的认知，但是底层逻辑永远在于人性与这一切的或疏离、或暧昧、或融合的关系的感知与表达。从这一底层逻辑出发，设计就会与影视、与艺术、与其他人文表达方式越来越趋于接近。而这种趋近性不是在美学视觉的维度，而是在直达人心的、没有被理性照射到的那个隐秘的人性维度。

思之叛逆

除了以"月之暗面"为逻辑的人性本源，龚书章作品的独特性更在于他在设计的思考上充满着"叛逆"的棱角，而在设计的内涵上却充满着温暖的人文视角。从表象来看，他不喜欢被贴标签，所以从不以风格为探讨主线。他喜欢不同，为每一次设计注入不同的灵魂，但又尊重设计主体原有的记忆和纹理。站在他的个体思想线上来看，这是一种反固有、反惯性的"叛逆思维"。

在设计的微观表达上，他擅长对材料的特质做反转处理，从而使作品产生一种与以往截然不同的冲击力和新感知。而当他越来越关注"社会设计"的时候，便将这种思维融入探讨建筑、设计及一切创意形式与城市及人群的关系。他关注再生城市和乡村小镇的新形式，尽管千城一面的整体走向，让"新"的再生有关

山阻隔之感，但他坚信总有一些力量，能够让"潜移默化"汇集成"天翻地覆"。于当下速食式社会模式下，他反其道而行，提出先生成对的、新生的基因，这是决定一颗种子能够长成哪一个品种的关键；之后再找到合适的人，扶其自由生长，最佳的状态便是于自由之上生出更多意外的惊喜。

"我希望不要做全部的设计，只做其中的 10% 或 20%，因为太多事情跟未来的使用和发展有关，我不想把它的特性定死。如果建筑、都市空间、展览能随意转换，并根据自己的发展而变化，就再完美不过了……也就是说，设定一个基因，让设计找到自己的特性。"龚书章于多年前就已经开始做这样的尝试，台湾地区著名的 CMP BLOCK（台中"勤美绿园道"人文美学生活特区）就是他的都市策展计划之一。在大的社会系统中，他一直在推动通过公众的参与和城市建设框架的变革，形成"适应性的城市"。

通过发散的思维，整合当地的专业力量，引人关注创新思考的专业团体，共造一个社会设计平台，这样地方基因的视角和跳脱的第三方创新视角，更容易碰撞出新的火花。他希望通过这种新组合和新形势，去抵抗和翻转固有思维。在设计的专业推动上，他希望打破常规的更稳健、成熟的方式，让更多新的声音、新的形式跳脱出来。这一尝试体现在他对台湾地区室内设计大奖的推动上——不断寻求陌生的、能让人兴奋的设计作品和面孔，成为奖项评选的主流标准，而非主流意义上的更具有成熟度的作品。

不管设计师，还是设计教育者，抑或是公共服务者，龚书章在多元化身份上体现着更细致的多元化，而其中的每一面都是可贵而稀有的。如果说"月之暗面"为我们提供了一种设计上的新通道，那"思之叛逆"则提供了更普世的方法论。

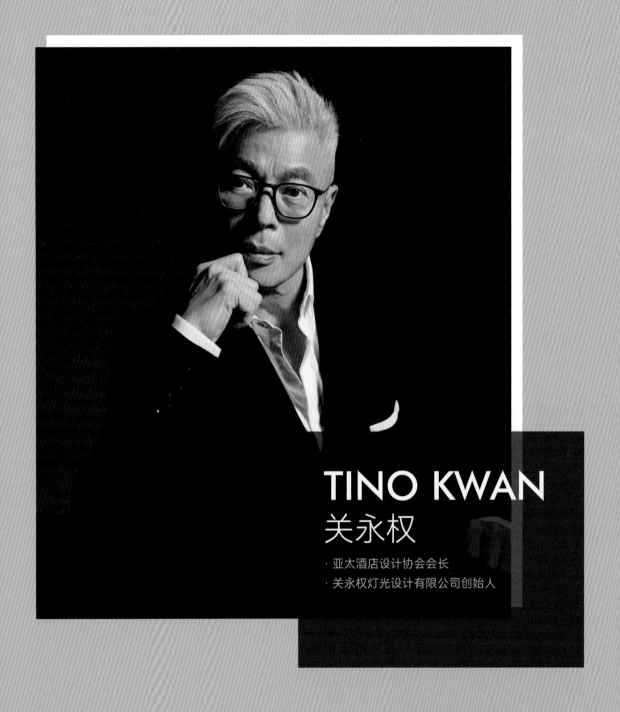

TINO KWAN
关永权

· 亚太酒店设计协会会长
· 关永权灯光设计有限公司创始人

MINIMAL LIGHTING EQUIPMENT TO ACHIEVE
MAXIMUM LIGHTING EFFECT
用最少的灯光营造最理想的灯光效果

关永权，国际著名灯光设计师，作品遍布世界各地，类型众多，包括顶级酒店集团、国际管理公司、甲级办公大楼、高级零售品牌店、住宅发展项目及私人住宅等。他经常与业内顶尖的建筑师及室内设计师合作，是业内"大神"组 CP（网络用语，指情侣、搭档）的首选。多年来，他在国内外所获奖项不计其数，包括由中国照明学会（CIES）、日本一般社团法人照明学会（IEIJ）及北美照明工程学会（IESNA）所颁发的奖项等。

灯光设计将他不断引向专业的巅峰，而他则将专职灯光设计这一概念带入了华人领域。向外他以自身的名片让华人在这一领域享有盛誉，向内他不断致力于推动华人在这一领域的启蒙与成熟。

与灯光设计的邂逅

关永权从香港理工大学室内与工业设计专业毕业后，曾做工业产品设计和与室内设计相关的工作，后来机缘巧合，进入了一家美国灯光设计公司（US Spatial Light Environments Design Company）。这是他在设计路上的第一次大转折。在这里，他很快就热爱上了融合了艺术和科技元素的灯光设计。

生长于香港这个中西方文化交融之地，他对将不同文化和艺术融合有着极高的天分，这让他十分适应这个行业。初涉新的行业，他遇到的便是当时世界知名的灯光设计师约翰·马斯特勒。在他的带领下，关永权不仅得到了"近水楼台"的高起点熏陶，还得到了许多令同业人员艳羡的实践机会。三分天生，三分机遇，剩下的便是努力。到新设的希腊雅典分公司工作，让他得以走出香港，到国外平台去历练。希腊是西方文明的发源地之一，在这里，他除了以开拓者的身份接触到了更多不同类型的重大项目，也积极地吸收希腊文化。

随着实践与作品的不断积累，他逐渐开始在灯光设计圈拥有名气，得到越来越多的关注，就连世界知名的酒店设计师戴尔·凯勒也力邀关永权加入自己伦敦公司的灯光设计部。这一次的职业变迁给他带来了更广阔的视野，也加速了他设计理念的形成。

1979 年，在 30 岁到来之前，关永权在伦敦成立了自己的灯光设计公司，这是他职业生涯第二次重大转折。1980 年，在回香港度假探亲途中，他遇到了美国极简主义设计师乔·德乌索，乔邀请关永权作为他的合作伙伴为香港当时的知名会所 I Club 设计灯光，这成

▲ 香港瑞吉酒店（图片由关永权设计有限公司提供）

▲ 西安君悦酒店（图片由关永权设计有限公司提供）

了关永权事业主阵地布局变化的转折点。其间，他又受到广州中国大酒店的邀请，所以最后决定在香港驻留下来。1981年，他将公司总部从伦敦迁至香港，开始了在亚太区的灯光设计之旅。在随后的四十年里，关永权逐渐成为香港最有名气的灯光设计师之一。

辗转于世界各地的工作，让他有机会以更近距离接触和欣赏当地的灯光设计。那些成功的典范，甚至是失败的案例，都帮助他塑造了自己的设计理念——用最少的灯光营造最理想的灯光效果。

光应是感受出来的，而不只是量度出来的明暗

做灯光设计要注重功能性，用最少的照明设备营造出最理想的灯光效果。这是关永权用实践探索出的一条独特的道路。他强调灯光是室内设计的灵魂，是为室内设计加分的。一个好的空间设计必须要有灯光去烘托氛围，但又不需要太多的灯光。从他自身的实践来看，灯光设计师只有在对空间设计有所认知，了解了室内设计的概念以及功能，并和室内设计师沟通后，才能做出优秀的灯光设计。每次做完设计之后，他都会仔细研究图纸并自我反思，哪里光源太多了，哪里可以做减法，如果去掉某部分，整体是否会欠缺平衡感。

在他的灯光设计中，人文关怀是功能与艺术等所有表达形式的基底。专业的灯光设计师不能只关注照明的亮度及功能性，还要考虑到最终用户使用空间时的感受。从专业手法上，灯光设计要有重点、有层次，要明暗相结合，要明暗交替、光影相随，而不是通体照亮。从表达内涵上，灯光是一种感性的艺术，而不是数字，要有气氛、有情感，不能以照度等数据为出发点来设计。灯光设计除了满足每一个地方的功能需求外，还能形成一个舒适的生活空间，有助于我们欣赏周边的环境，唤起我们的情感，甚至提升生活水平。

光应是感受出来的，而不只是量度出来的明暗。用最少的灯光营造最满意的灯光效果，就是要求灯光设计师注重空间的每一个元素，思考如何将整个空间利用得淋漓尽致，如何做到节能效果上的最大化，如何利用灯光打造层次，营造气氛。

▲ 新加坡莱佛士酒店（图片由关永权设计有限公司提供）

在他看来，真正的灯光设计是可以有多重效果的。例如，当光线照射到桌子上时，它会反射到天花板上、墙上和地板上。光源处的光线是第一维度的，但光线会反射到第二维度、第三维度……参透了这一点，就可以减少光源的使用，否则就会在安装灯具的时候画蛇添足。

完美主义者

关永权的灯光设计作品，以对理念的净化、细节的苛求、人性的关注，备受设计界的推崇。他从不拘泥于风格，也不强求自我标签化的表达，只钟情于空间。他以完美主义者的态度严谨地对待每一个项目，与很多顶级设计师共同打造卓越的作品。

在日本东京半岛酒店的灯光设计中，业主嘉道理爵士的要求很高，这反而让他很兴奋，完美主义者的特质让他更喜欢与有要求的人合作。最终项目呈现出了令所有人都满意的效果，而且在日本及美国等地斩获了不少设计奖项。但最让关永权开心的是，东京半岛酒店开业十周年的时候他受邀出席庆祝宴会，当年的灯光设计历经十年都没有过时。灯具是会过时的，但灯光不会，他始终坚信这一点。

他喜欢挑战一切有趣的新鲜事物。和日本建筑大师隈研吾及中国香港室内设计师梁志天一起合作的铜锣湾Ta-ke日本料理餐厅，对他来说便是一个小的挑战。由于餐厅以竹为主题，他花了不少时间去构思如何将灯光与竹结合，营造出最好的效果。以至于在最后完成时，隈研吾也由衷地称赞："您的灯光为我的竹赋予了生命。"

他与室内设计师傅厚民的合作，让香港瑞吉酒店成为香港现今的顶级酒店之一。两个志同道合的大师的设计理念和一丝不苟的工作态度，让酒店在舒适度之外，也带给住客顶级的视觉享受。

这种看似天时地利人和的统一，更多是关永权自我修炼的结果：视野和实力上的不断提升，带给他与大师并肩作战的机遇，而对设计苛求完美的价值观，正是他能够与诸多大师同行的无间距离。

传道解惑

灯光设计照亮了关永权的人生，而他也以越来越成熟的设计体系，成为灯光设计界的指路明灯。他以自己独到的见解和逻辑，提升了华人在世界设计领域的影响力，为推动灯光设计的发展做出了一份不可忽视的贡献。而除此之外，他还是一位致力于普及灯光设计艺术的老师，以教育的方式带领中国灯光设计行业走向成熟。

中国的灯光设计行业发展较迟，与国外的发展水平差距较大。作为灯光设计界的前辈，他主动承担起传道、授业、解惑的师者身份，在各地讲学，传授专业知识，培育新一代的精英设计师。他深知灯光设计与空间密不可分的关系，所以以自己的经历谆谆教导年轻设计师好好了解空间，打好室内设计的基础。自2008年起，他在不同的建筑和设计学院，包括香港各大专院校、清华大学，以及亚太酒店协会酒店设计高级研修班授课。

对于设计视野的重要性，他深有感触，一有机会便会忙里偷闲，挑选一个没去过的地方，体验生活。他认为只有对身边的事物保持敏感性，才可做出有灵魂的设计。他建议年轻设计师多出去走走，去不同的地方体验各地的文化，观察周围的事物，提升设计敏感性。

HO WUHSIEN
何武贤

· 山隐建筑创办人
· 台湾中国科技大学室内设计系副教授
· 中国建筑装饰协会中国设计年度
  人物大会执行委员会委员
· 台湾室内设计专技协会荣誉理事长

FROM CONCRETE TO ABSTRACT,
TO CONSTRUCT THE ZEN AESTHETICS
OF SPACE
从"有相"到"无相"，构筑空间的禅意美学

从业三十余年，何武贤擅长建筑、景观和室内设计一体的整合，并崇尚禅学思想和自然意境在设计作品中的应用。他以低调、独特的风格享誉中国设计界，成为台湾地区最受推崇的设计师之一。近年来，其作品连续在国内外设计舞台上亮相，获得强烈的反响。他对田园设计思想及中国园林建筑有独到的见解与实践，更被业内尊崇为"生活禅空间美学家"。

关心人与社会

他的设计作品总是呈现出一种人文关怀。他将生活中的点滴所见、所悟，以设计的思维、自然的材质、诗意的结构呈现出来，从而礼赞生活，温暖人心。能够抓取到这些细致、新颖的视角，都是因为他对生活常怀感恩之心。他说："对周遭环境、事物多一点儿关怀、多一点儿爱，呈现出来的作品将会完全不同。"感性与理性的并列思考是何武贤做设计的底层逻辑，这点从来没有变过。他总能从最细微的关系中找到设计的契机。

如果你有一位很善解人意的朋友，你一定会很喜欢跟他在一起。同样，当设计师把自己对生活的热爱和善意投射到作品中时，使用者也会感受得到，并爱上这个空间。空间作品是设计师个人的专业素养与思想内涵的映射。一个设计师对自己作品的投入程度，包括对周遭环境的观察、创意所花费的心思等，都能被使用者感受到。他就是这样以生活为根基，以人文关怀为引导，生发出诗意的设计表达。

除了设计，他还曾尝试另一种艺术表达的可能性。1994 年，何武贤自编自导了一部电影。在这部电影中，对人性的解读依旧是切入点，镜头语言是诗意的表达，美学是形式上的加持。独特的内容及经受住考验的内容架构，为他赢得了设计之外的惊喜——第十七届金穗奖最佳导演奖。荣誉是实验的结果，但更大的意义在于，他以此验证了人文价值在艺术表达上的重要性和关键性。这段经历仿佛为他开启了一个新的视角——以导演的剧本与情节，构架空间的语言，将动态的内容嫁接于静态的场景中。这样的验证，让何武贤逐渐梳理出自己独有的设计思维架构。他带领着山隐建筑室内设计团队，在之后的设计中，更与客户共振同频。

随着他专业能力的提升及行业视野的开阔，这种始终怀有"爱"的人文理念，逐渐升华为对社会设计的关注与实践。作为台湾地区室内设计协会第 8 届大会遴选出的理事长，他不仅长期致力于两岸的设计交流与发展，更注重推动"社会设计"的发展。他认为，设计师作为社会的个体，融于社会，感恩社会，并以设计之力回馈社会，这是基本的人文精神。

▲ 北京鲁能格拉斯小镇（摄影：RICCI 空间摄影）

▲ 沈阳华润置地誉澜颂（摄影：RICCI 空间摄影）

以对社会和万物广博的 "爱" 为基础, 何武贤于设计的实践上和思想性上逐渐融会贯通, 越来越倾向于从 "有相" 到 "无相" 的表达。这一次, 对新中式的独特解读和表达, 是他在设计上的新阶段。这是由中西方文化碰撞而衍生出来的设计形态, 何武贤对其中的 "中式精神" 格外迷恋, 并围绕此做了很多新的探索。他主张 "东学为体, 西学为用" 的理念, 即在简约的西方形式中展现出东方的人文与哲学精神。

何武贤深深觉得, 现在中国设计正处于转折阶段, 中国有着庞大的市场, 中国设计师也有着越来越娴熟的技法表现力……但我们唯一欠缺的就是对中国传统智慧的传承和发扬。设计师应该承担起责任, 把中国五千多年的精神宝藏发掘出来, 通过设计向世界传播。

在何武贤看来, "有相" 的符号, 如明式家具、中式窗花等, 是基本的设计语言, 而 "无相" 的表达, 如现代禅境, 是一种精神层面的表达。"有相" 和 "无相", 有些类似于具象和抽象, 属于两种不同的设计境界。大多数人都是从具象切入设计, 就像过去流行的美式、欧式等形式, 但这样容易被框住, 其实抽象的空间更大, 更具想象的空间及创作的可能性。

新中式真正迷人的地方恰在于 "无相", 也就是东方哲学思想与精神本身。这种看似虚幻的东西, 存在于最质朴的自然万物中。从 "见山是山" 到 "见山不是山", 再到 "见山还是山", 需要强大的表达与隐喻能力。这种内心感动的回归是具有指向性和暗示性的。归根结底, 这是更深层次的人文精神的传递。

二十年来, 何武贤对中式设计的探讨, 从古典到现代, 从 "有相" 到 "无相", 现阶段则热衷于探索空灵境界中的 "妙有"。

禅意美学

何武贤热爱生活, 通过对周遭环境、事物的关注和爱, 与万物结缘。他热衷于探讨人生哲理, 受到东方哲学中儒、道、释的影响都甚大。尤其是佛家的《金刚经》这部经典, 由空

▲ 沈阳华润置地静安府售楼中心（摄影：RICCI 空间摄影）

切入，让他悟到无限宽广的喜悦。禅，没有时间与空间的限制，因它与天地兼容并存；没有东方与西方的区隔，因它无有框限、无所对立；没有古典与现代的分别，因它无形无相穿越时空；没有世间可推的逻辑，因它是超越世间的感悟；只有当下的感应，那是刹那间对真实的领悟……禅，以一种哲思的形式，从他的生活中生发出来，然后于他的禅悟中又与设计结合。

他因打坐的关系，常在无意识间浮现出灵感，然后他会迅速而精准地将灵感落实到设计里。对何武贤来说，无时无地不是悟道场。寺庙建筑、住宅、商业空间、台湾山隐建筑办公空间，每一个空间皆是他释放禅学哲思的具象表达。

从生活中悟禅，然后实践于设计，用自然的灵性与设计的专业性，让设计的表达从"有相"到"无相"。在这个过程中，他渐渐悟到"禅"的真意：以哲学思维去领悟万物万象的原点，以现代主义的理念去追求极简、纯粹的状态。何武贤自创了一套美学逻辑系统，"布局简洁，不多着墨；色彩无华，引人深思；材质低调，回归初始；似空不空，直沁心灵"，成为"生活禅空间美学"的开创者。禅，是一种更接近事物本质的无限，在喧嚣、拥挤的当代环境中，应和着人们对回归简单和自然状态的渴望。

教育传承

教学对于何武贤来说，是设计之外的另一种使命。有感于三十多年前自己初学设计时的迷茫与辛苦，他将自己当时对有人指点迷津的渴望，转化为对年轻人的同理心。作为台湾地区的资深设计师及高校设计系的教授，他从不吝于将自己毕生所学、所体、所悟及那些启发思维的方法传达给后来者。

他在践行"东学为体，西学为用"的设计上，将自己多年所悟之"生活禅空间美学"倾囊以授，期待这一思路得到进一步拓展。他在教育中不断强调东方哲学思想的重要性，期望它能够得到更多的传承与发扬。他重视帮助学生们建立观念，常以个案剖析自己的设

计想法，引导学生产生更多的联想，用启发式的教育来鼓励创新。他还鼓励年轻设计师从不同的渠道如电影、电视，甚至是与人的聊天中，开阔眼界，但不管通过哪种渠道，他认为最重要的是有所领悟。

除此之外，近些年，何武贤出任多个比赛的评委，从不同视角去关注和观察设计界的发展趋势。他认为，中国设计已从过去千篇一律模仿欧美的阶段，逐渐转变为如今的更多元化、更勇于表达自己的发展阶段。他以不同形式鼓励当下的年轻设计师多充实自己，培养人文素养，建立国际化视野，在大时代里勇立潮头。而曾承担台湾地区室内设计专技协会理事长工作的他，也不断致力于搭建一个更通畅的沟通渠道，让两岸年轻人能够在设计思维上互学共进。

有选择靠近未知的勇气，才能不断超越自我。何武贤喜欢探索，喜欢变化。在三十多年的设计生涯中，他一直是个走在时代前端的设计师。他享受创新的喜悦，也乐于分享和传承所得所思。从住宅到商业空间、会所、别墅建筑，再到文化空间，从体验、实验到表达，从"有相"到"无相"，再到回归于初始最纯粹"禅"的境界，他以极简的外在形式，静静地感应着内在灵性的力量。不断上升和回归的体验，是对所有经历的最好尊重，是与时间达成的最好默契，是我们理解何武贤最好的方式。

▲ 沈阳华润置地静安府售楼中心
（摄影：RICCI 空间摄影）

JOEY HO
何宗宪

- 梁景华设计顾问有限公司 (P A L Design Group) 设计董事
- 2019 年中国室内设计十大年度人物 (CIDA)
- 香港十大杰出设计师（CAC）
- 美国《室内设计》杂志中文版中国名人堂正式成员
- 中国美术学院艺术设计研究客座教授

DESIGN THE FUTURE THROUGH AVANT-GARDE PERSPECTIVES
以前瞻性视角设计未来

何宗宪是梁景华设计顾问有限公司（P A L Design Group）的设计董事，曾任香港室内设计师协会（HKIDA）会长。基于对多元文化的深入了解，他的设计手法前卫，呈现出深邃的、具有前瞻性的愿景，同时又不失大方与实用。他的设计范畴极为广泛，为酒店、住宅、公共机构和其他商业机构设计了不少优秀案例，项目遍布中国、新加坡、美国。

即使已经获得过无数国内外大奖，他依然在努力通过自己的设计作品和自身影响力，积极推动设计行业的发展。他说："作为设计师，应该摆脱身份的限制。思考可以取代身份，我们可以用新的角度去看待不同的事物。"

过往

与何宗宪接触过的人都评价说，他十分亲和、有趣，一点儿大师架子都没有。出生于中国台湾的他，童年时便跟随家人移居新加坡，在新加坡国立大学获得了建筑学学士学位，后来又在中国香港大学读了建筑学硕士，继而往返于中国香港和新加坡工作、生活。这种多元文化的成长背景，让他对人、事、物持有更为包容和开放的态度。

何宗宪坦言，早年自己太喜欢设计了。当时刚从学校毕业的何宗宪，被香港两家炙手可热的设计事务所同时看中，于是他请教导师该如何选择。"导师真的很了解我，那时他希望我不要在'设计'方面游离太远而变得不切实际，担心我忘了实践上的一些困难。"何宗宪笑谈道。他听从了导师的建议，选择了一间让他负责更多实践工作的事务所。何宗宪说这件事影响了他接下来的设计道路。

设计能够影响人的生活环境，亦能影响整个社会的结构。"如何让设计进入生活"是何宗宪常思考的一个问题。他觉得，设计不能只停留在某种潮流或者感官层面，而是需要进入真正解决问题的层面。在经过了校园时期疯狂的创意训练之后，在香港三年的工作实践令他有了一定的沉淀，后来他将这三年学到的经验投入到对室内设计的实践中去。

"做这个项目时，我首先考虑的是'家'的需求，而不是诸如'建筑理念'之类的道理。对生活保持敏锐的感知能力，从生活的角度仔细地思考，揣摩新想法，才有了最终的设计成果。"何宗宪说。

▲ 昆明中海寰宇天下（摄影：张骑麟）

▲ 昆明中海寰宇天下（摄影：张骑麟）

深刻

二十多年的职业生涯，无数的经典作品，回首过往印象最深刻的作品，何宗宪脱口而出："澳大利亚悉尼 NUBO 儿童游乐中心。"

"因为在整个设计过程中，我重新定义了'玩'的概念，也有机会用自己的专业服务于年纪较小的顾客，还能从他们身上学到一种新的态度，以及怎么保持新鲜感。"对于选择这个项目的理由，何宗宪给出了这样的解释。

刚开始接触到这个项目时，何宗宪觉得很简单，"小孩玩的空间看起来很有童趣就好了"。但经过深入思考后，他觉得"玩"并不简单。玩，不仅仅是指娱乐，还涉及想象力的启发。小孩的想象力相较成年人来说更来得天马行空，以成年人的想法去想象儿童空间显然不是一个好的对策。

"小时候喜欢画四格漫画，还会画带有些批判性的东西，这种创作的过程让我很满足，因为我发现它可以影响别人。"带着自己童年的想法，何宗宪希望这个空间是一个可以让家长与孩子共同度过欢乐时光的空间，在这个空间里除了嬉闹，还有一定的思考。

这个项目对何宗宪而言，更多的是一种启发，"让我看到设计师身上该有的想象力和好奇心"。"玩"所指向的是一种心态，是新时代的力量。这也让何宗宪开始思考如何开发自己的好奇心，把丢失的身份再找回来。

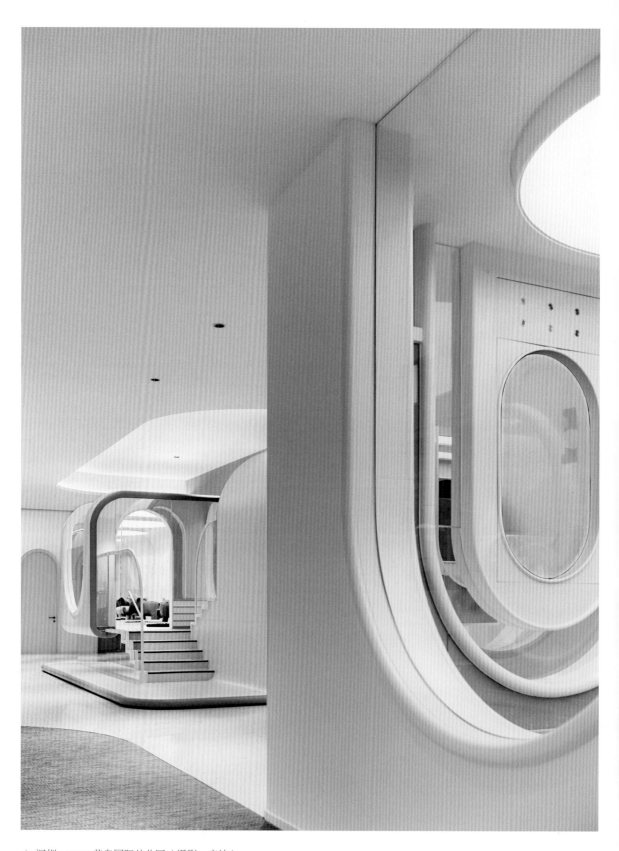

▲ 深圳 MEIYI 英皇国际幼儿园（摄影：彦铭）

追求

从业二十多年，何宗宪在整个设计历程中一直有自己的追求。"从生活和贯彻的理念中激发出自我的设计情感，这样便形成了个人风格。"以自己的爱好、取向和执着作为基础，不随波逐流，是何宗宪做设计所一直坚守的。

在何宗宪看来，能打动人的设计便是"好设计"。这听起来似乎很简单，但感受却是因人而异的。

近年来，大家往往更关注生活美学，花更多的时间在生活美学上，比如，做设计要紧跟潮流，要跟这个时代或所谓的美挂钩。结果呈现的是，作品更注重美学技巧的运用或形式的塑造，忽略了不同层次的内容美。而在何宗宪看来，好的设计一开始便指向内容，当然也包括其他技巧或美学元素。

除此之外，在何宗宪眼中，一个设计师应该学会怎么自我设计，即为自己的生活定义而设计，"如果能更加注重精神上的快乐，'真实地'参与自己的人生，真诚地面对每一种人生体验，从日常生活中不停吸收养分，就更容易培养出感性的思考模式"。这是一个在生活中锻炼自我的过程。设计师要学会用内心去支配设计，形成独特的个性。

▲ 深圳 MEIYI 英皇国际幼儿园（摄影：彦铭）

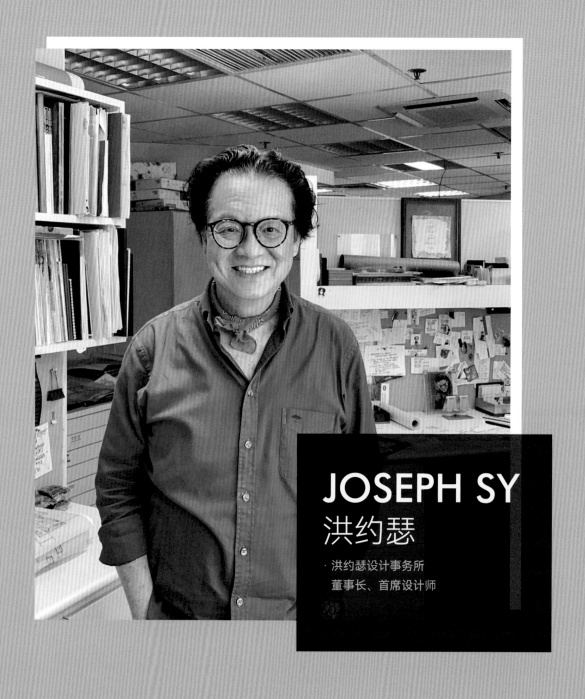

JOSEPH SY

洪约瑟

· 洪约瑟设计事务所
董事长、首席设计师

LOHAS PHILOSOPHY IN THE
DESIGN WORLD
设计大格局中的乐活哲学

洪约瑟是空间、灯光与色彩等设计的集大成者。作为中国室内设计行业发展历程的见证者及亲历者，他阅尽世事，却没有磨平自己的人生形状，甚至打造了辨识度极高的个人风格。

从建筑设计师起步，后成为著名室内设计师，洪约瑟获得过一百多项设计大奖，先后十二次获得素有"室内设计界的奥斯卡奖"之称的安德鲁·马丁国际室内设计大奖，也是首位获此殊荣的中国设计师。

老顽童的人生转折

在与洪约瑟的对话中，每一次提问的回答，都在他身上越来越清晰地勾勒出无法挥去的"老顽童"气质，以及那种鲜活的对生活的热爱之情。这种气质更重要的意义在于，在功利心盛行、世俗嘈杂的当下，他以自己特立独行的方式，打造了属于自己的自由王国并向世人展示，出走半生，归来仍可保有清净明澈的赤子之心。世人都言诗人是"人类的儿童"，从这一视角来看，他在设计大家之外，还开启了一种纯粹的诗意人生。

自菲律宾圣托马斯大学毕业后，他进入香港最大的一家英国建筑公司做建筑设计师。当时没有电脑，没有任何现代工具，年少时练就的水彩画功底，使他在设计效果图的绘制上显出了极大的优势，也因此获得了快速成长的机会。当时，设计行业还没有细致的分工，建筑、室内、软装，甚至是材料、灯光，都需要设计师自己去摸索，这些为这位后来闻名于世的设计师打下了坚实的综合能力基础。

如果不是在当时香港最大的建筑设计公司上班，便不会有今天的洪约瑟；如果一直在那家建筑公司上班，也不会有今天的洪约瑟。正是在那几年中，他手动改写了自己的人生。当时在工作过程中，他发现自己对室内设计情有独钟，便常常在下班后接一些这方面的兼职工作。在朋友的介绍下，他的工作范畴从制作室内效果图到制作平面图，再到立面图等不断拓展。后来，随着项目的增多，他便开始尝试做一些小的住宅设计。但是，让洪约瑟真正决定转入室内设计的，是他对当时建筑设计行业的分析。当时香港的建筑设计项目都垄断在一些名气大的设计师手里。初入职场的设计师被边缘化的状态，以及成就感的缺失，让他冲破了转行的最后一道关卡。无奈的境地，以及对室内设计的热爱，逐渐唤醒了他的决断力：做自己，转入室内设计。

▲ 香港港福堂（摄影：洪约瑟）

▲ 菲律宾歌剧院（摄影：洪约瑟）

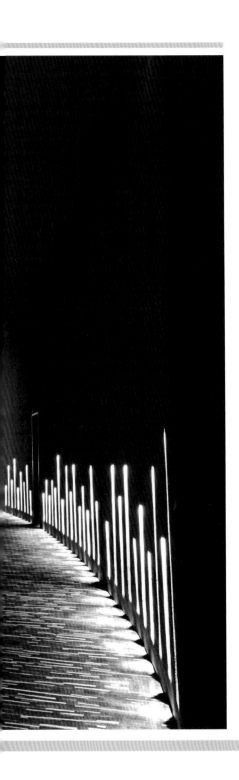

小空间，大格局

在宏大的人生格局上，见微知著往往是最佳的叙事方式。那些着眼于豪情格局的大处，一一被洪约瑟践行于设计的小处。这种情怀不仅仅表现在那些他所擅长的大型项目设计里，更藏在他对小空间的匠心里。因为前者大都早已闻名于世，在这里我们更想去探讨那些容易被忽略的后者。小空间，大格局，是洪约瑟在室内设计圈子里崭露头角的独有关键词。于小空间上施展设计魔法，是他强烈的个人标识。

说起香港的住宅空间，狭小、密集和拥挤都是绕不开的天然词汇。他就像一个空间的魔法师，重新定义了设计的意义，真正诠释了如何让设计为人的生活服务。他设计过的一间1.8 米 ×1.8 米 ×1.8 米的住宅，在无法想象的"小"中，他用空间的魔法让这一空间重新绽放光彩，工作、娱乐、进餐、休息空间样样俱备，且毫无逼仄感。功能只是设计的表象，更深刻的感动是藏在设计背后的心思。在他的设计中，家的温度被具象化，那些功能上的舒适感、那些居住的美好情绪，甚至是那种生活的尊严感，都在其格局的"大"中被诠释、被注解、被实现。内心拥有大格局的空间，才是无限的生活；内心拥有大格局的设计，才有宜人的温度。就幸福指数来说，空间的平方米数不是恒定的标准。设计的格局不等同于一个设计师能够掌控或者能触及的空间尺度，它也许恰恰藏在那些人性化的细节里。

▲ 广州半岛明珠酒家（摄影：洪约瑟）

随性而为，快乐至上

即使洪约瑟当下已成为站在设计金字塔顶端的"大咖"设计师，经手和把控过无数重要的大型项目，他心中也从没有空间数字大小的鄙视链，再小的空间也会被纳入他的设计字典。这一方面得益于他的专业实力，另一方面更得益于他的个性。在他看来，一切所谓趋势或者潮流，都是以尝试为开端的；一切设计都不是表面的功利本身，而是围绕人的快乐表达。

他认为，在空间设计上，内容和功能永远大于形式。脱离了功能的炫技，如果仅仅为了吸引眼球，是背离设计的初衷的。以此为本原，他让那些居住空间中的"居之痛点"转化为"居之快乐"，真正践行了空间服务于人的真谛。他为一对新婚夫妻设计的40平方米的婚房，不仅客厅、厨房、卫生间、浴室和淋浴间俱全，还根据二人各自的爱好"变出"了衣帽间与办公空间。对于新婚夫妻来说，这无异于一份最情深义重的新婚贺礼。

他将自己的乐观豁达，以及那些别出心裁的理念植入每一次设计。居住者的快乐，衍生出设计者的快乐。他在改造一套18平方米的住所时，不仅再一次使用了自己的设计魔术棒，在空间的功能及风格上做到极致，还因为客户的声音在电话里听起来很好听，兴之所起免去设计费，甚至赠送空调和地板。那些兴之所起的出其不意，书写在他的设计语言中，触动人心且不露斧痕。好奇心和挑战心让他不断尝试和探索，在深挖空间极限的同时，他也在不断拓宽视野和领域，因此他在色彩和灯光设计方面也深有造诣，甚至独创了一种设计系统。潜心设计，侠骨柔情，恣意逍遥，也许正是藏在洪约瑟设计里的基因密码。

设计之外的乐活人生

生活中的热气腾腾和随性，亦融于工作中，这份"老顽童"气质让大师严谨亦可爱。在洪约瑟的人生哲学里，生命一定要有所热爱，活得热烈，而不是按部就班。他喜欢玩设计，却不炫技；他强调功能第一，却于空间的魔术上玩出时尚与品位。他在大型项目及豪宅的设计方面炙手可热，却更钟情于对普通人的市井生活品质的深挖。对业主，他随性豪爽；对设计，他却严肃且严谨。他热爱设计，不但有超凡的悟性，更有不以功利为导向的闲适。这样的秉性，以当下的天下熙熙为镜，更显出一份世外桃源般的浪漫和理想主义。

设计于他而言，已经成为一种人生享受，一种与这个世界对话的方式。源源不断的设计创意，来自他丰富的精神世界。对设计师来说，精神世界的丰富，恰恰是一种天赋，那些自然的性情，在经历过生活环境迥异的碰撞后，不断拓宽着感受力的边界。他有一颗纯粹的好奇心，保持对未知世界永不停息的热情，不停引领着设计走向更深层次的创新。爱玩、善玩，反应敏捷，喜欢钻研新鲜事物，喜欢与年轻人交谈……不同的碰撞，让他的思维保持着活跃。

他是乐观豁达之人，性格开朗，真诚而洒脱，不受陈规陋俗约束，不受时代和任何人影响。他胸襟博大，却又异常平易近人。那些看似高深莫测的专业知识，在他的生动比喻下，更加简明扼要且亲切。例如，对色彩运用的阐释，他以女孩子对穿搭的天然敏感度作比喻，强调天赋和嗅觉的重要性，表达每个人都有对色彩的感知力和把控力，强调科班与非科班并不是分界线。

他喜欢插画和音乐，尤其是爵士鼓，喜欢踏着音乐的节拍，找到属于自己的乐活人生。他喜欢摄影，很多设计作品的实景拍摄都出自他本人之手，但是他不炫技，不精修，只展示最本真的空间。他热衷于创造新的概念，却也有着自己的坚守。在摄影上，他对胶片机有着非常强烈的执念，即使数码时代已经来临，他依然"信仰"那些胶片时代的美感，依然保留着用胶片机拍摄的习惯。

就像从遥远的过往一路行来的设计行者，他迫不及待地奔向当下和未来最新鲜的概念，但依旧敬仰那些往昔的生命奇遇。如今已到古稀之年的洪约瑟，依旧保持着对设计行业的热爱与初心。学到老，设计到老，是他对室内设计最长情的告白。

RICKY WONG
黄志达

· 中国建筑装饰协会设计委员会副会长
· 中国室内装饰协会设计专业委员会副主任
· 美国《室内设计》杂志中文版中国名人堂年度人物
· 胡润研究院"中国 20 位最有影响力的室内设计师"
· 黄志达设计师有限公司（Ricky Wong Designers Ltd.）
  创始人、董事长

DESIGN BRINGS INFINITE POSSIBILITIES TO LIFE
设计给生活无限可能

黄志达主张"设计给生活无限可能",擅长以现代的手法和理性的思维,打造具有高端品位、富有创意的空间及产品。

最重要的是要给你的委托方创造价值

1996 年,黄志达创立了自己的设计公司 —— 黄志达设计师有限公司(Ricky Wong Designers Ltd.,简称 RWD)。RWD 发展至今已经是一家拥有近 200 人资深设计团队的知名设计公司。

RWD 的业务以室内设计为核心,延伸至环境规划、建筑设计等领域,也为客户提供市场定位策划、设计采购与项目管理(EPCM)、陈设艺术等服务,涉足领域包括住宅、商业空间、酒店、餐厅、会所等,作品遍布海内外 20 余个城市及地区,并获得过美国金钥匙奖、德国国家设计奖、亚太地区室内设计大奖、中国地产设计大奖等国内外奖项。

黄志达既是明星设计师,又是儒雅的商人。对于设计师职业的多面性,他认为,设计和商业是互相成就的,不能单一地去思考自己是设计师还是商人。设计是一种商业行为,它需要为人创造价值。一个职业的设计师需要洞察市场的变化,带着明确的目的做设计,以体现自身设计的价值。

作为设计师,他希望能用专业的设计,给生活带去无限可能,让事情可以朝着多元化的方向发展。作为经营者,他希望通过专业的团队,使设计向着更好的方向发展。

他说:"其实身份没有那么重要,最重要的是要给你的委托方带去价值。"

他认为,设计师需要不断学习,与时俱进,对人对物都要有深入的了解,通过内心的分析得出自己的判断,从而获得更多种方式和答案。设计师应该是一个创造性的职业,需要调整自己,不断地提升自己,才能够做出更好的作品,更好地满足消费者的需求。

▲ 杉文化艺术空间(摄影:山和诚文化)

▲ 山海湾（摄影：绿风摄影）

对于品牌管理，黄志达带领的 RWD 遵循术业有专攻的开放式管理模式，奉行"团队分工越清晰，项目出品效率越高"的原则，秉承"服务先行"的态度，选择不同专业的人去从事不同的工作。

在 RWD，专业的设计团队负责项目，管理团队负责运营，后勤、财务都为设计前线服务，而作为董事长的黄志达是掌舵人，把握战略方向即可。按照这个线路，大家各司其职，精诚合作。

RWD 十分注重对生活方式和标准化的研究，这主要体现在两方面：

一方面，RWD 有专业的研发部门和调研团队，专门研究不同空间与用户的适配性，坚持"以人为本"的理念，钻研如何更好地满足人们的需求，创造出超越客户想象的生活提案。在这么多年的积累当中，RWD 的研发团队会不断地将研究成果分享给其他的团队，进行交流。

另一方面，随着互联网的开放和快速发展，RWD 在整个大市场当中，也会寻求相关的数据进行分析，这需要专业团队对市场前沿具有较强的分辨能力。研发部门的人员会专注于自己的研究领域，深入理解研发和调研的结果，并将其应用到相应的项目设计中去，以便更好地满足不同人群的生活需求。

▲ 中国院子（摄影：绿风摄影）

态度决定一切

黄志达认为，设计师需要站在需求者和使用者的立场去思考，基于实际需求为委托方解决问题，否则，这个设计注定是不成功的。不论空间大小，对一个设计师来讲，重要的是知道要达到什么目的，实际上就是找到解决问题的办法。

细腻的细节处理是黄志达做设计的态度，尤其是在工艺和材质上，收口、比例、材质的变化都是很重要的。在预算可承受的范围内，他会在细节上下足功夫。这样大家在使用空间的时候才会感到空间设计的匠心。

设计是无止境的，是一个需要不断学习的行业。人们的要求是不断变化且逐渐提高的，设计师要追随人们的需求，不断思考，甚至把自己思考的结果倒回来，重新思考。黄志达觉得设计的态度决定一切。

△ 中国院子（摄影：绿风摄影）

FRANK JIANG

姜峰

· 深圳市杰恩创意设计股份有限公司
董事长、总设计师

THIS IS THE BEST TIME FOR YOUNG
DESIGNERS
年轻设计师，这是你们最好的时代

从设计教育抓起，这是姜峰对中国室内设计发展的建议，也是他作为一个成功的中国室内设计师正在做的事。2014 年，姜峰和其他九位设计师一起创立了"创基金"，并出任第一届理事长，该基金旨在资助中国的设计教育事业。他希望通过身体力行，为中国室内设计发展做出更大的贡献。

姜峰的成名路

姜峰出生在哈尔滨，从小就喜欢画画和建筑，大学就读于哈尔滨建筑工程学院（现哈尔滨工业大学）建筑学专业。

20 世纪 90 年代初，中国的室内设计行业刚刚起步，大众对设计的理解还停留在装修装潢的阶段。飞速发展的经济在一定程度上提升了民众的审美。在时代浪潮的推动下，毕业后，姜峰只身南下深圳，先后在深圳市洪涛装饰股份有限公司及深圳市建筑装饰（集团）有限公司（简称"深装集团"）就职。1994 年，初出茅庐的姜峰就主导设计了当时吉林省的第一个五星级酒店——长春海航名门酒店（原名"长春名门饭店"）。随后，在深装集团，姜峰一路从高级工程师做到总工程师、设计院院长。

2004 年，姜峰创立了 J&A 姜峰室内设计有限公司，后更名为深圳市杰恩创意设计股份有限公司（简称杰恩设计）。扎根于深圳的杰恩设计，是目前亚洲规模最大的室内设计公司之一。作为第一家登陆 A 股市场的中国室内设计企业，在美国权威杂志《室内设计》（Interior Design）2019 年全球设计巨头排行榜中，杰恩设计的商业设计排名全球第三，位列亚洲第一。目前，杰恩设计的业务领域包括购物中心、办公、酒店、地产、医疗养老、公共建筑、轨道交通、文化教育等。

这些年来，姜峰在国内外设计舞台上大放异彩，其设计作品屡获国内、亚太乃至世界大奖，个人也荣誉不断，并入选美国《室内设计》杂志中文版中国名人堂。

2015 和 2016 年，姜峰作为中国设计师代表参加了米兰设计周。他的两件参展家具设计作品受到了意大利专业杂志的报道，甚至有意大利家具厂方上门请求合作，生产他的作品。姜峰感到十分自豪，他觉得这一切都代表中国设计师在国际上的地位已经大大提升，世界对于中国的设计产品也越来越认可。中国设计人正甩开扣在头上的"山寨"帽子，"中国创意与设计"正在崛起。

▲ 成都地铁 18 号线（摄影：BLACKSTATION）

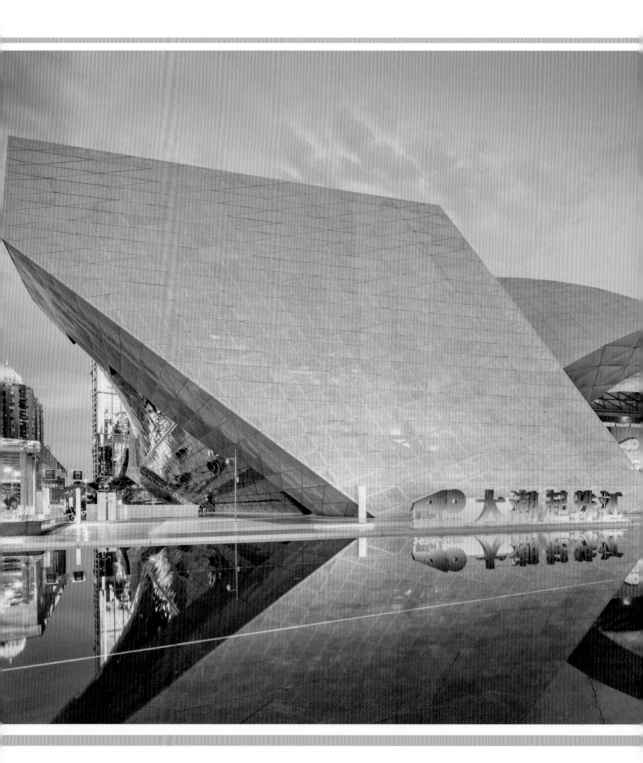

▲ 深圳当代艺术馆和规划展览馆（摄影：李雪峰）

深受互联网影响的"80 后""90 后"成为消费主体后，中国设计师确实迎来了特别好的时代。中国经济的高速发展，给室内设计行业创造了更多的机会。

这点姜峰深有体会，他刚到深圳从事室内设计的时候，接触的都是小型酒店、写字楼等项目。而随着社会经济环境的变化，整个城市建设的飞速发展，他所承接的项目不断地发生变化，从小型酒店到公共建筑，后来逐渐转向了商业项目，如今又增加了医疗养老等项目类型。他所承接的设计业务的变化，正体现着中国整个社会发展的大趋势。

姜峰认为，如今，虽然设计界久盼的时刻已经到来，中国设计师真正走上了国际舞台，能够与世界各国设计师进行公平的较量，但是中国室内设计领域还是存在缺乏高端人才的问题，这也是中国设计发展的燃眉之急。

对于这个问题，姜峰说："设计的基础在于教育，设计的发展要从设计教育抓起。这也是我们在 2014 年和其他九位设计师共同发起'创基金'的初衷，我们希望能够用我们对行业的理解和这些年的一些感悟，回馈中国的设计行业，通过设计教育为中国室内设计发展做出更大的贡献。"

▲ 深业中城（摄影：吴非）

▲ 贵阳中铁云湾销售中心（摄影：肖恩）

年轻设计师的机遇

这里又不得不再次提起姜峰与其他九位设计师一起创立的"创基金","创基金"不仅帮助年轻设计师少走弯路，同时也为他们提供了更大的交流舞台。

"未来的设计舞台一定是年轻人的。现在年轻设计师面对的社会条件已经比我们那时候成熟太多了。"对于当下年轻设计师的生存环境，姜峰说道："一方面，随着需求的增多，年轻设计师可以接触很多高端项目；另一方面，业主审美水平的提高，使得设计存在更多的可沟通性。"

对于有梦想的年轻设计师来说，赶上一个好时代就是实现一切的基础。姜峰说："现代社会中很多职业都带有'师'这个称谓，如工程师、设计师，还有教师。我一直觉得这个'师'字具有几重含义：第一，'师'是一种社会责任感，需要为社会做出一定的贡献；第二，'师'还是一个服务性行业，所以要懂得为人服务，以人文本。"能够肆意追寻设计理想的年轻设计师，在这个好的时代，更应该做出更好的设计。

▲ 深圳平安金融中心（摄影：李雪峰）

JIANG
XIANGYUE
姜湘岳

· 澳大利亚 HYH 酒店设计集团
品牌创始人、创意总监

ACHIEVE THE BEAUTY OF GREAT HARMONY
WITH THE ULTIMATE NATURE
极致自然，美美与共

"'酒店'只有两个字,但'酒店设计'却涵盖多门细分学科,同时,需要具有全球视野,并了解当地文脉。"

浮沉于设计行业二十余载,姜湘岳凭着一股韧劲儿,在酒店设计一条道上孤胆追梦。无论外在环境和市场需求如何变化,他始终以平和的心态执着于设计本身,在自然主义与空间的极致美学的平衡中,独辟蹊径,探索出一条脉络清晰的设计之道。

自然的极致之美

在设计市场细分越来越明确的今天,选择专攻酒店设计或许并不难理解。但在二十多年前,中国室内设计行业刚刚启航,姜湘岳就大胆选择酒店设计,并期待在狭路中与理想相逢,这种眼光和实力令人敬佩。

对于酒店设计,姜湘岳有着自己独到的见解。他认为,酒店是一个集大众审美与功能需求于一体的空间,在设计过程中,要平衡审美需求与功能需求。在相对较长的施工期后,如何保证设计"不过时",这需要设计师拥有超高的敏锐度,摒弃追逐成为"网红"的心态,充分利用自然主义的生活美学,回归文化本源。在功能之外,设计中要融入对文化的积淀与传承。只有这样的设计,才能让人们对它保持持续的热爱,即使在一百年之后。

经验的积累与视野的拓宽,是酒店设计的必经之路。很长一段时间内,在做项目之余,姜湘岳都忙于在世界各地奔走考察。他认为,酒店设计不像其他空间设计私密性那么强,只要你愿意并用心,就可以去全世界的酒店参观学习,这可以让你迅速丰富经验,开阔视野。

2018年前后,随着房地产市场的变化,酒店设计行业出现了里程碑式的变化,行业品牌通过多年的优胜劣汰,合作意识不断加强,设计回归到了良性和健康的轨道。东方设计思维越来越受关注,并在国际上拥有了一席之地。

纵观酒店设计行业的今天,姜湘岳认为,在一线市场

▲ 宁波富邦大酒店(摄影:潘宇峰)

▲ 宁波富邦大酒店（摄影：潘宇峰）

和高端领域相对饱和的情况下，二线中端市场不断崛起，凸显占市场绝大多数的普通受众的需求，成为不容忽视的"新战场"。创意不断迭代，"极致自然，美美与共"无疑最能叩击人心。

东方器物里的东方气质

东方器物、器皿之美，体现了鲜活的东方气质。这是设计之外，姜湘岳一直热爱的文化与情绪表达。对姜湘岳而言，一个小茶杯、小摆件，往往承载着对美好生活的憧憬，不经意间就会成为空间叙事的主角与灵魂。

作为旅途的中转站，酒店不仅仅是一个临时休憩的场所，更应该向入住者表达美的格调与文化。而器物等艺术品往往是空间里最直观的艺术语言，让人暂时遗忘琐碎繁杂的生活，既能挑起文化谈资，也能一时触动优雅。这就是文化的力量，深远而伟大。

一器一物总关情。姜湘岳总是试图通过这些独具东方气质的艺术品，将空间的参与者带入他所要表达的奇妙意境，用艺术品的情绪带动参与者的情绪，物与人自然相生，人与物和谐共处。

安缦酒店的御用设计师、一代设计巨匠科瑞·希尔的设计作品，对姜湘岳影响很大。他认为，一个澳大利亚人，偏爱东方文化，从设计规划到建筑、空间表达，每一次都能通过东方气质让世人惊艳，这值得每一名华人设计师学习。

气定神闲，温润如玉，惬意自然，这是姜湘岳骨子里的东方情怀与智慧。他在不经意间为自己设计的空间打上了灵动、雅致、充满意境的烙印。

慢思考与联盟合作

姜湘岳认为，设计其实是一门哲学，需要不断钻研，弄明白每一次的设计从哪里来，要往哪里去。在快节奏的环境下，年轻的设计师往往会走入一个误区：追赶时髦。永恒的设计不是一时的时尚追逐，而是文化的积累与沉淀。

▲ 宁波泛太平洋大酒店（摄影：潘宇峰）

对姜湘岳来说，在设计行业方兴未艾的年代，创业是他这一代设计师"被迫"的选择。而在设计行业越来越细分的今天，年轻的设计师大可不必急着创业。选择一家好的公司，慢慢学习整体设计，扎扎实实地积累自己的经验与人脉，锻炼自己的能力，走向成熟后再静下心来思考是继续参与，还是项目合作，抑或是独立创业。

慢思考是一种比较客观理性的行为，而快思考往往是带有主观直觉的判断。通过慢思考，提高处理问题的能力，一次性准确解决问题，才能真正提高效率。

年轻设计师过早创业，往往随着公司的经营，越来越偏重事业，反而忽视了设计。这时人会很受折磨，思想上陷入误区，内心很疲惫。这也是很多年轻的设计师创业一段时间后普遍会出现的纠结与困扰。

现在，公司已经不单单是一个企业，而是一个平台，它与每一名员工都是联盟关系。姜湘岳认为，未来，员工与老板的界限会渐渐消失，他们之间未必是雇佣关系，可能是合作关系，每个人都会变成公司的合伙人，大家作为命运共同体，合作实现共赢。

酒店是一个载体，通过设计师的笔，将浓缩的城市文化气质容纳其中，演绎出城市独特的人文与风采，成为城市的名片，这是姜湘岳关于酒店设计的理念与理想。

▲ 宁波泛太平洋大酒店（摄影：潘宇峰）

LAI
XUDONG
赖旭东

· 重庆年代营创室内设计有限公司设计总监
· 重庆第二师范学院室内设计专业副教授

THE IDEALIST WHO CHANGES REALITY
BY DESIGN
以设计改变现实的理想主义者

大众认识赖旭东，多源于《梦想改造家》这个家装改造节目。多年来，他不断创作出令人惊叹的作品，在节目中事事亲力亲为，且平易近人，成为圈粉无数的"设计男神"，堪称设计界的"顶流"。

现实中的赖旭东温润平和、清醒睿智、敏感深邃。在他的表述中，一个更多面的设计师，能够以更加丰富的"型格"与人焕新相见。

一种纯粹，多面"型格"

节目上的赖旭东是光芒耀眼的"梦想改造家"，沉浸于设计的魔法中，让"问题"之家发生意想不到的蜕变是他的常规操作。

生活中的他热爱有趣的尝试，在骑上机车的酷飒里，有一种勇于挑战和冲破框架的洒脱。以设计为起源，尝试火锅店运营的他，又充满着烟火气与艺术气交织的迷人魅力。

在设计中，他努力深入别人的世界，代入感让他能深度解读委托者的需求。一面是专业创作者的信念感，一面是居住者对未来生活的憧憬，双重身份的自由转换，两种心理需求的结合，让他的作品极其接地气，同时也充满了创造和创新的张力。

站在追光灯下的他，聚集了足以出圈的声誉和赞誉。而私下的生活里，他却是一个喜欢低调和独处的人，甚至曾经创下过八天不下楼的记录，画图、读书、思考，沉浸在自己的世界里不想被打扰。

以设计师赖旭东为原点，他总是不断给自己的人生贴上各种有趣的标签，而在每一种热爱的专注上，他又表现出一种纯粹的力量，这种多面尝试与专注，共同形塑了一个充满多面"型格"的设计师。

近人情，远人群，足以让他练就使生活与设计紧密相连的敏感度，也足以让他看清自己的前进方向。

天赋是不断练习的结果

天赋每个人都有，谁能发挥自己的天赋，谁做事就得心应手。这句格言是赖旭东设计人生的精确诠释。

在各种不同的采访场合，总是能听到他讲述自己的设计之路，以及偶然撞进美术学院的神奇经历。其实，所有看似偶然的神奇，细细考究都能够找到必然的缘由，就像赖旭东的天赋在儿时就已注定他将大概率走上设计之路。

对设计和艺术的敏感度，与其说是与生俱来的，不如

▲ 丽笙酒店（图片由重庆年代营创室内设计有限公司提供）

▲ 丽笙酒店（图片由重庆年代营创室内设计有限公司提供）

说是兴趣指引后的努力更为精确。"在我两三岁的时候，我爸公司的打字员经常让我坐在一个小板凳上，把我当素描模特。"画画这一兴趣被启蒙的那些画面，至今仍清楚地存在于他的脑海中。从此他开始对画画几近痴迷，看到喜爱之物必须画出来。对儿时的他来说，任何事情都要为画画让路，即使先饿着不吃饭也要把"创作"完成。用"废寝忘食"一词形容一个小朋友对画画的热爱毫不夸张。上学后，他一直担任宣传委员，包揽所有黑板报等学校里与艺术相关的工作。即使后来提前步入社会，做过各种各样的行业尝试，画画也是他唯一从未停歇过的兴趣与实践。

那时候的每一笔每一画，都在绘就他以后的设计人生。他的人生拐点出现在陪朋友考四川美术学院时，朋友几次三番没考上，而赖旭东因独具一格的非常规笔触，让人眼前一亮，意外被美院录取。

作为四川美术学院室内设计专业的第三届学生，他的设计人生同整个设计行业的发展一并向前，从设计的表象走向设计本质的探索，从模仿到形成自己的独有风格，从设计的形式到设计的精神层面……

赖旭东在设计人生中的不断上升，就是一个不断尝试与刻意练习的过程。一切所成，有兴趣所主导的体验，也有着专业积累发展到一定程度的必然走向。

梦想改造家

"梦想改造家"是赖旭东身上一个众所周知的标签。与节目的结缘，也是积累到一定程度的水到渠成。在设计行业中早已闻名遐迩的赖旭东，真正出圈被大众所认识，要归功于节目中那些充满温度和关怀的家空间的设计。

在他的设计下，上海的一座 27 平方米的老房子摇身蜕变为四室一厅，一家三代人，每个家庭成员既有各自的私人空间，又有可以欢聚的共处空间。如果说空间合理、规划巧妙是一个设计师专业的表达，那真正打动人心、让他火速出圈的是那一份设计对人的关怀与温柔。在他看来，设计是为生活服务的手段，影响着人们的生活方式和品质。他的设计以最直

▲ 丽笙酒店（图片由重庆年代营创室内设计有限公司提供）

接的方式表达生活的内容，以最细腻的关怀温暖人心，以最巧妙的心思换来空间的新颜，以最积极的态度唤醒生活的新希望：巧挪烟道，打造空中复合空间，为并不富裕的"90后"情侣打造出人生第一个属于自己的家，为他们送上最好的新婚礼物；以三万元预算挑战极限，为小夫妻爆改 30 平方米小婚房，低成本圆梦幸福……他的设计中永远充满着以设计解决生活问题的新出路、对人性的关怀，以及艺术的暖意。

赖旭东连续八次参加《梦想改造家》，设计过无数人的家，他们的人生故事各异，空间也形态万千，但有一条主线始终在牵引着他的设计，那就是好设计需要创造性地解决问题。《梦想改造家》节目，让他的这一理念得到了全方位的展示，也让他的设计影响了更多人的生活，引发了更多年轻设计师对设计的思考。

在他看来，设计对生活的更大意义在于对人的关怀，而非设计师审美的输出，人在其中的生活状态远比风格更重要。因此，一切设计思维、材料，都是他打造有价值的空间的手段。也是在此理念的指导下，他从不追求风格的独特，愿意以最低的成本为委托者实现一个梦想中的家。

上《梦想改造家》节目后，赖旭东迅速成为被大众追捧的"顶流"设计师。在他个人的设计之路上，设计以一种更贴近大众的方式，突破了圈层的界限，深入与生活息息相关的日常，这是一种设计上的科普，更是设计向外输出的价值所在。

向下扎根，向上生长

大师永不衰竭的进化能力，无外乎向外探寻，向内思考，向下扎根，向上生长，无捷径可言。

赖旭东的特别之处，不仅仅在于设计理念上独树一帜的表达，更在于他超强的执行能力。他能够成为深受大众喜欢的设计师，一方面是由于他对设计的认知是真正从委托者和空间需求出发的，另一方面是由于他

在设计中表现出的那种专业能力与匠心。在整个设计过程中，赖旭东不仅是充满创意的空间魔法师，还亲力亲为参与施工。瓦工、木工、油工、裁缝，他深度参与每一个施工细节，会突发奇想地进行废物利用，还会亲手为空间制作家具和饰品……对他来说，设计师做项目的当下应该全身心地投入。

不断升级进化，是大师们共同的特质。他对个人品牌有着清晰的认知，对公司发展有着明确的规划，从不盲目追求速度，从不放松进取与探索的态度。他也涉足酒店、餐饮等多种形态空间的设计，始终坚守精品设计，保持设计的独特性和领先性，并不断尝试行业细分的设计探索。

天生好奇的个性，让他不断尝试各种设计的可能性。他还主张设计要适度，以有节制的方式去实现设计目标，以旧物利用唤醒人们对生活的情感与激情……

设计师的进化不仅需要知识，更需要智慧，不仅在于不断积累的专业技能，更在于精准的自我认知。扎根于此，他迎接过昨日的辉煌，以此向上，未来生长无限可能。

▲ 丽笙酒店（图片由重庆年代营创室内设计有限公司提供）

LI YIZHONG

李益中

· 空间设计策略专家
· 李益中空间设计创办人、设计总监
· 都市上逸住宅设计创办人、设计总监
· 深圳大学艺术学部客座教授
· 中国建筑学会（全国）理事

THE POSITIVE ENERGY PATTERN OF DESIGNER

设计师的正能量格局

李益中对设计的热爱，来自一种植根于骨髓的自觉。从学建筑起步，到以室内设计入行，热爱日渐笃深，但如果非要追究其所以然，大概是自我挑战与价值实现的巨大诱惑。从建筑设计到室内设计，李益中从不认为这是一种"跨界"，他认为二者相辅相成、互相融合。

带着对设计的热爱和果敢的天性，以及遇到挫折迎难而上的勇气，经过二十多年的淬炼与沉淀，李益中通过策略思维的理性解析设计的哲学，通过人文气质的感性重塑空间的灵魂，通过正能量的设计语言一步步实现了他设计的理想。

策略思维：美的理性转移与融合

真正能在业内被冠以"大咖"称号的设计师其实并不多，而在所有"大咖"中，李益中无疑是最"另类"的存在。

策略思维，是李益中最鲜明的标志之一。他从国外"策略设计"的宽广外延中萃取出"策略"的含义，并将其应用于建筑与室内设计中，以理性、科学的设计策略及方法，为客户提供设计与工程的最佳解决方案。虽然也曾有人想要复制他的设计，但通常只是模仿了表象，领会不到其中的方法与策略。

由他一手创办的李益中空间设计，是一家有策略思维、追求空间气质的多元化设计公司，致力于地产设计、文旅设计、商业设计、私人住宅的研究及高级定制化设计服务。

在他看来，策略是最灵活、最有效的空间解决方案，因空间而不同，因甲方而不同。策略塑造空间气质，策略决定设计属性。

李益中常说："软装是室内设计很重要的一部分，但不是独立存在的一部分。软装与空间界面一起形成整体的设计风格与氛围，只有空间设计没有好的软装，就好像只有骨头没有肉。但如果空间只是软装的堆砌，那跟人的过度肥胖有什么区别？"从中我们品出了他的策略思维，或许在他看来，空间设计只有通过空间美学的理性转移与融合，才能达到最理想的效果，才能最契合甲方的理想需求。

▲ 梧桐山院（摄影：山外视觉）

▲ 渭南万科城市会客厅（摄影：刘伟）

人文气息：空间设计的感性艺术

在设计中，李益中亦关注美学、文化、艺术与功能的合一，根据每一个空间的特性，塑造其人文气质。

都说作品如其人，一个人的修养、境界可以从他的作品中反映出来。李益中的作品就是他本人最好的形容词——俊逸灵动，润雅圆融，这是他最特别的"人文气质"名片。

由李益中带领团队设计的渭南万科城市会客厅项目，以艺术化的表现塑造了充溢着自由精神的空间。在设计中，他选用渭南古建筑的檐木结构、具有当地特色的皮影文化，以及黑陶等东方工艺，以策略性的设计思维解构空间，以当代的艺术语言重组人文意象，融合自由精神与当代意识，带领人们穿越历史长河，感受璀璨的渭南文化，走进微妙的精神世界。

李益中认为，"艺术化的表现往往是一个项目的主要线索，任何感性的审美空间，都需要化繁为简，而简洁的东西往往都充满力量"。他擅长通过极具人文气质的设计与当代极简的艺术思维来营造空间的意境与情绪，在含蓄内敛之中，通过简洁的用笔，提炼出空间的意境与诗意。这得益于他对东方文化与思维方式的深刻领悟。

也许经过多年的积淀，李益中已经勘透了时间与空间的无限，不祈求时间与空间静止与固定，仅通过与生活的共鸣，探索与设计的默契。

设计理想：空间的一念逍遥

正如建筑大师贝聿铭所说："生活就是建筑，建筑是生活的镜子。"对李益中而言，生活本身就是一种天然的空间设计，而空间设计亦是生活的一面镜子。

空间设计的最高境界是充分利用空间语言，同时实现设计师的理想表达和甲方的理想追求。这种理想的状态具有崇高的神性，一步步激励李益中去思索人们的居住状态，去剖析商业项目的精神文化指引。

▲ 浥尘客舍（摄影：朱海）

"逍遥"是桃花源式的理想状态，融合了中国传统文化几千年来的生活哲学。《周易正义》有云："各居其方，使皆得安其所。"或许这就是中国人的"逍遥"理想：温润相宜，和合圆融，于一方天地之中，笑看浮云，见证闲适的真性情，体悟生活的新韵与妙趣。空间不是静止的"固化物"，而是自然灵动的灵魂。设计一种生活，让空间真正参与生活，让空间显得逍遥又具活力、安逸又有韵味，这是最理想的空间气质。

自在与向往，诗意与美好，随着时光流逝，变得越加醇厚。面对项目，无论旧建筑的新生，还是摩登大楼的建造，李益中从不设定立场，只用设计诠释自由与理想。他希望构建一种理想的生活状态，通过保持初心和合理的设计手段对空间进行高度完整的实现，让空间有"思想"、有"温度"、有"理想"、有"逍遥"。

积极的人，似乎总有强大的能量，可以于困境中择路而行，重新确定奋起的方向，这是一种果敢，亦是一种智慧，更是一种格局。与之相伴，受其影响，我们也会保持热情、向上的心态。李益中用正能量演绎了空间逻辑，放大了设计格局，为现代人提供了一处浩瀚天地间的"逍遥"之地。

▲ 浥尘客舍（摄影：朱海）

LIANG JIANGUO
梁建国

· 国际著名设计师
· 制造 · 中品牌创始人
· 中国室内装饰协会陈设艺术专业委员会执行主任

RECORD EVERY MOMENT OF DESIGN WITH LOVE

用热爱写下设计的每一笔

梁建国对"东方美学"有着自己独到的见解。骨子里的热爱和坚守，让他能够以不同的手法诠释他的东方情结，并将其输出到国际设计舞台。

素简的衣着与内在的气质相得益彰——温润如玉，纯粹执着。他在设计上不断精进，对艺术的追求也矢志不渝。这样的"型格"投射于设计中，使他的作品显出简约细腻、意蕴悠长。

他是集美组设计机构创始人之一，"制造·中"品牌创始人，中国室内装饰协会陈设艺术专业委员会执行主任，"创基金"创始人之一……太多的标签和头衔，都是人们对这位设计大师的定义与描摹。

梁建国载誉无数，在设计上的成就有目共睹，是无数后来者追随学习的目标。他曾三次荣获安德鲁·马丁国际室内设计大奖，连续两年荣获美国 IIDA 室内设计大奖，被中国室内装饰协会陈设艺术专业委员会授予"陈设中国·晶麒麟奖"，还曾被中国建筑装饰协会评为"2014 年中国设计年度人物"。

他最出圈的是一句话："我只是一个普通的设计师，没有别的爱好，只喜欢设计。"内里的谦逊、随和与儒雅，与站在追光灯下的闪耀、健谈与幽默，形成了极大的反差，碰撞出一个具有丰富层次感的人物"型格"。

热爱，是所有故事的理由和答案。他始终怀有一颗为设计而跳动的、赤诚的心，并不断沉潜修炼，最终形成了他独特的哲学体系，成就了无数闪光之作。

设计大师的炼成与室内设计的发展，是一段彼此成就的辉煌岁月。在四十多年设计新时代的开辟史上，梁建国这代设计师无疑是拓荒者的角色。作为推动历史车轮前进的一分子，那段历史对于别人来说，可能仅仅是一段阅读参考的图文，但对他们来说，是躬身入局一笔一画绘就的经历，是自己脚下走出的道路。

一切始于设计，一切围绕设计，这是梁建国的人生写照。作为室内设计东方美学的奠基人之一，他在中国室内设计史上拓荒者的角色是毋庸置疑的。在

▲ 柒拾柒号院样板间（图片由制造·中提供）

▲ 柒拾柒号院样板间（图片由制造·中提供）

参照极少、选择匮乏的年代，中国室内设计的风格发展几乎一片空白，他是那段历史的亲历者，也是那段空白的书写者之一。他见证了中国室内设计从星星之火发展为自成一派的全过程。

他经历了广州美术学院设计专业的开设，那是"环境艺术"这一学科的首次正式亮相。后来各大院校校办企业如雨后春笋般出现，那是中国商业室内设计机构的萌芽。"大概从1985年到1995年，又从1995年到2005年，大约十年一个阶段。每个阶段的发展都是因市场需求推进的。近十几年，中国发展速度加快了，变成五年一个阶段。一种商业模式的出现就可能带动一系列的变化，就像互联网的出现，对设计界的影响还是非常大的……"一切经历如昨，诸如此类在梁建国心中有着更深刻的剖析。

他的设计一直与时代同步，与历史同频。他对设计与时代的思考，是基于整个行业发展的历程。中国室内设计经历了从形式追求到内容深化、从符号化到设计性、从有界到无界的发展过程。现在的中国室内设计在形式上与思维上更加开放，人文性与原创性也日益增强。梁建国将自己的设计历程清晰地分成三个阶段：从第一阶段的强调主义、第二阶段的文化保护，到现在第三阶段的去设计。他个人的发展与整个行业的发展，仿佛有着一种联动的节奏感，始终保持着一种相辅相成的关系。

梁建国一直感慨中国在艰难的发展中有了不起的变化，也感恩时代对自己的赐予。殊不知在旁观者眼里，他早已是值得尊敬和钦佩的拓荒者，有着清晰的思路、开阔的格局、非凡的智慧、谦逊的品格。近些年，恰逢中国传统文化复兴的势能，他再一次成为其中顺应和推动时代大潮的主力军。

设计者的型格

凭借对设计的执着与热爱，梁建国始终不断尝试，在设计领域里开疆辟土，逐渐摸索出自己独有的内在逻辑。于是，"国际东方"应运而生，这是他将东方文化与国际视角融合而成的独特理念。他觉得"新中式"存在局限性，不能够精确表达自己的设计哲学。他所展现出来的东方文化是与时俱进

噫吁嚱（图片由制造·中提供）

的，具有国际视野的表达高度。这一设计理念迅速在国际设计交流的舞台上引起反响，让更多人了解到中国文化的传承与东方美学的魅力。

"用国际化的方式去表达本土文化。"这一理念的成熟始于 2004 年北京北湖九号高尔夫会馆与主题餐厅等一系列项目，从规划、景观、建筑到室内设计，这一理念始终贯穿于项目的整体设计。自此，梁建国真正建立起系统的设计风格，以及"国际东方"的设计理念。

"国际东方"的设计理念在实践中不断迭代，日臻完善，形成"中国魂、现代骨、自然衣"的表述。"中国魂"指中国的精神内核；"现代骨"是用现代的科技、材料和理念去做设计；"自然衣"则是回归自然，让建筑与空间从自然中生长出来。

对设计孜孜不倦的追求使他反复锤炼自己的思想，"中国魂、现代骨、自然衣"，再一次蜕变成为"253"，即 20% 的传统、50% 的现在和 30% 的未来。将"国际东方"的理念用更加理性的方式进行了"黄金分割"，以更为精确的标准构建这个时代的美学。

不喧嚣，自有言。在他的设计里，一框一景，皆是诗意的绵延。留白的中式哲学处处可见。东方意蕴在他的作品中静静"流淌"，将"天人合一"的中国智慧发挥得淋漓尽致。

从北京故宫博物院紫禁书院到杭州良渚国际度假酒店，从北京北湖九号高尔夫会所到北京山海楼会所，他一直在延续自己对本土文化和东方美学的独特诠释。"国际东方"，不管在设计思维的导向性上，还是在文化气质的表达上，都具有划时代的意义，被众多设计从业者作为理论指导应用于室内设计的实践中。

功成名就，依然步履不停，这是大师们共同的特点。对本土文化和东方美学在空间中的探索，是梁建国永恒的思考。正是因其独特的调性和不断的迭变，他的设计总是能够带来独树一帜的惊艳。

担当者的格局

以东方美学输出设计的亮点，以中国文化影响世界，梁建国一直在不断探索、突破个人的价值，以更宏观的视野、更深远的影响力诠释师之大者的进取之路，彰显勇于担当的广阔格局。

他是北京故宫博物院紫禁书院的设计者。他将改造皇家园林的经验带入百姓家，又把中国元素推广到世界舞台，构建起东方文化在世界舞台上的自信。他的作品由于传统元素在语境上的现代化，契合了当代人的审美习惯，能够迅速被世界读懂，因此达到了专业上与地域上的双重"破界"。

骨子里的东方情结，影响着他不断对世界讲述中华文化的博大精深，也激励着后来人，让他们更自信地做自己。在他看来，中国设计不仅要形成自己独有的特色体系，更要成就强大的国际影响力，每一个设计师的坚守都不可或缺，每一个设计师都不能缺乏国际视野。

他励志建立这个时代的美学概念，用自己的方式构建了一个独特的设计体系。先找到自己，再构建自己，然后输出自己，最后以自己去影响更多人，这是梁建国近四十年的大师修炼之路，也是他以"热爱"一笔又一笔书写的人生哲学。

PATRICK LEUNG
梁景华

· 梁景华设计顾问有限公司（P A L Design Group）
  创办人、首席设计师
· 光华龙腾奖"中国设计贡献银奖"设计师
· 首届深圳市工程勘察设计功勋大师
· 美国《室内设计》杂志中文版
  中国名人堂正式成员
· 创基金执行理事长

CREATE COMFORTABLE SPACE, IMPROVE THE QUALITY OF LIFE
打造舒适空间，提升生活品质

他自称老顽童，是坚持用孩子的心态做设计的设计师。在四十多年的设计生涯中，梁景华的作品获得过200多个国内外重要奖项，而他个人则获得过光华龙腾奖"中国设计贡献奖"、首届深圳市工程勘察设计功勋大师荣誉，并曾被评为全球首50名最顶尖设计师、中国最具影响力设计师、中国设计年度人物、生活艺术家及中国空间陈设艺术行业功勋人物等。

用孩子的心态做设计

梁景华有六个兄弟姐妹，加上爸爸、妈妈、外婆，一家十口人起居饮食都在一个30平方米的空间里。在如此简陋的环境里，他的心态依然是乐观的，他认为"有一天会好的"，或许成为室内设计师的梦想也是那时候发芽的吧。大学选专业时，父母并不赞同他选设计行业，在父母看来，赚钱的行业来得更切实际一些。但他坚持了自己的理想，并最终通过自己的努力改善了家庭状况。

1978年，梁景华毕业于香港理工大学设计系室内设计专业。1994年，梁景华在香港创办梁景华设计顾问有限公司（P A L Design Group），后于深圳、北京及上海设立分公司，设计项目以国际酒店及大型会所为主。2014年，他与九位设计大师成立"创基金"，以资助及推动中国设计教育为己任。除此之外，近年来，梁景华还在世界各地演讲，积极推动中国设计行业的发展。

如今60多岁的梁景华，在朋友眼里依然精力旺盛。"他们都说我蛮年轻、蛮有活力、蛮有创意的，还不像一个年纪那么大的人，好像还是一个年轻人。"他笑着说。

当我们让他畅想一下十年以后他会做什么的时候，他说："基本上可以完全发挥自己想象力去选择自己想要的生活方式，那个阶段就不会再多虑了，会选择放慢脚步去做一些自己喜欢的事情。"

梁景华眼中的设计

梁景华说："设计需要强调和谐而舒适的空间，要提升生活的质量。"常有人将艺术与设计画等号，在梁景华看来，艺术家是为自己做事情，天马行空做什么都可以，不管大众喜欢不喜欢，那都是一件艺术品。而设计师是从使用者和客户的角度去想问题，要看清楚设计目的——让空间增值。

▲ 南京越城天地（摄影：覃昭量）

▲ 南京越城天地（摄影：覃昭量）

他还认为，设计应该等于创作和创新，不管过去、现在，还是未来，创新是最重要的。整个社会和消费模式的改变，用户需求的多元化，消费意识的升级，未来围绕着用户的竞争将持续加剧。创新是推动设计发展最关键的因素。

梁景华的设计是直线发展的。从项目规模来看，他接到的项目由小到大逐渐升级；从项目类型来看，他的作品逐渐从单一化领域发展到多元化领域；从项目区域来看，他的项目从限于香港一地逐步遍及全国乃至全世界。

即使是已经从业四十多年，现在的梁景华依旧说："我想成为一个好的设计师，我不计较利益关系。"不管多少岁，设计都是梁景华生活中不可或缺的一部分，它依然会不断地影响着他。对梁景华来说，做设计是一件很开心的事情，不管世事如何变迁，他都会用初心去对待设计。

年轻人不要那么急

"我的一生打过两份工。第一份工八年，第二份工八年，一共十六年。十六年以后，我才出来自己开公司。"他笑道："年轻人不要那么急。"

在梁景华看来，年轻人必须要经历时间的沉淀，在这个快节奏的时代，不用急于求成，踏踏实实地学习、沟通、融合，才是最重要的。"如果想做一件大事，打工是一个很好的学习方式，看你怎么去锻炼自己。人生很长，有足够的时间给我们去进行自我实现，去变成更完美的人，去实现自己的梦想，但或许不是现在罢了。"

此外，他还建议，年轻人不要一味地追求华丽的设计，而要考虑空间的舒适性。设计的出发点应该是把解决问题放在首位，设计的功能性是最主要的。从生活出发，做出简单的设计才是最具挑战性的设计问题。

在梁景华眼中，走快路是没有捷径的，如果要快，唯一的办法就是努力。

▲ 南京越城天地（摄影：覃昭量）

▲ 南京越城天地（摄影：覃昭量）

南京越城天地（摄影：覃昭量）

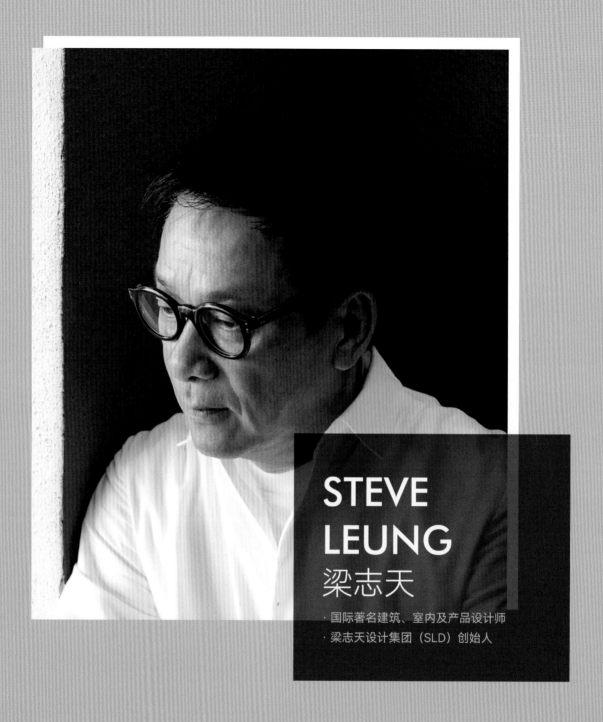

STEVE LEUNG
梁志天

· 国际著名建筑、室内及产品设计师
· 梁志天设计集团（SLD）创始人

THE LEGEND IN THE FIELD OF CHINESE DESIGN
中国设计领域里的传奇人物

可可香奈儿说过，潮流易逝，风格永存，一个艺术家的历史地位取决于他的风格是否足够鲜明、独特，能否被一代人接受和传承。

作为国际著名建筑、室内及产品设计师，梁志天在设计领域有着不可估量的影响力和行业贡献。他认为，设计拥有打破界限的力量，并希望推动中国设计走向国际。他带领他的团队跨足多元领域，打造了许多杰出的跨界作品。

中国设计领域的传奇人物

1997 年，梁志天创立了以个人名字命名的梁志天建筑师有限公司(SLA)及梁志天设计师有限公司(SLD)。在过去的二十四年里，他带领团队在全球 130 多个城市，成功打造了多个卓越的项目，囊括逾 210 项国际设计及企业奖项。海外的代表项目包括：英国伦敦香格里拉大酒店、日本东京 Park Mansion、迪拜棕榈岛亚特兰蒂斯度假酒店元餐厅、新加坡 The Capitol、吉隆坡 YOO8；国内的代表项目包括：上海古北壹号、广州尚东柏悦府、深圳湾 1 号、南京九间堂、厦门恒禾七尚、成都托尼洛·兰博基尼中心、三亚海棠湾

仁恒皇冠假日度假酒店、成都及深圳麦当劳 CUBE 旗舰店、澳门伦敦人酒店，以及香港渣甸山皇第、The Hampton、天汇、竹日本料理等。

2017 年，梁志天正式成为国际室内建筑师与设计师团体联盟（IFI）2017—2020 年度主席；2018 年，梁志天设计集团在香港联交所主板正式上市，同时也开启了他作为设计机构领导者的人生新篇章。

从国际顶尖的设计师，到历史上第一位当选 IFI 主席的华人，再到香港地区第一家上市的纯设计公司的创始人，梁志天成功演绎着多重身份。他经历了怎样的一个化蛹为蝶的过程呢？

设计应该以人为本

梁志天说："一个设计师在考虑是否需要建立自己的风格前，更需要关注的是做好设计。"梁志天以建筑设计起步，逐步拓展到室内设计和产品设计。对于一个项目，他会从建筑外观开始，到空间布局，再到细节装饰和家具设计，用心策划每一个细节。

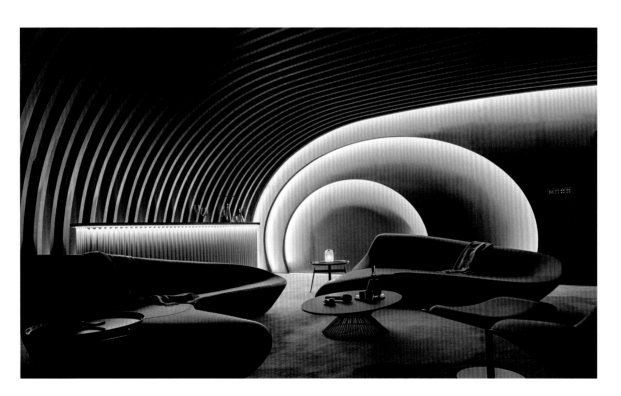

▲ 广州德国摩根智能家居体验中心（摄影：陈维忠）

▲ 上海古北壹号（摄影：陈维忠）

梁志天认为设计源自生活，同时也是生活的一个重要部分，因此设计师要坚守"以人为本"之道，从目标用户的需求出发，运用自己的专业能力，设计出既美观实用又令各方满意的空间。设计作品是糅合了功能与美学的综合体。

设计是感性跟理性的平衡，设计概念是感性的，但设计师必须先了解市场的需求及数据，做出理性的分析，这是亘古不变的原则。

在以人为本的基础上，梁志天认为，设计是没有界限的，或者说设计拥有打破界限的力量。通过跨界设计，设计师可以突破自己，带来创新和以人为本的作品。这些年来，他和他的团队坚持践行着"设计无界限"的理念，不断"跨界"设计各种类型的作品。那些跨界作品除了深化了他们对不同范畴的专业设计的理解，也让他们能从更多维度为用户打造更美好的生活空间。

好的设计是美学与功能性的完美平衡

在梁志天眼中，设计跟艺术不一样，设计最大的目的是为人们解决问题。"好"的设计一定要实现设计的宗旨——结合美学与功能性，提升人的生活质量。不同的设计，大如城市规划、建筑设计，小至室内或产品设计，都对城市的发展起着积极的作用。设计师应该发挥空间最大的潜能，提升客户的生活品质，同时为他们带来崭新的生活品位和潮流风尚，甚至让社区的整体素质得到提升。

他认为，随着社会经济的发展，如今人们对设计和美学的认识日趋成熟和多元化，具有多样性与包容性的现代风格越来越受欢迎。尤其近两年，人们携手经历了新冠疫情与天灾，开始追求更加健康的生活方式。除了设计的美感，人们对生活品质更为重视，更加喜欢亲自然的、可持续的、健康的设计。因此，一方面，天然材质、新鲜空气、自然光线、绿色景观等逐渐成为设计中不可或缺的元素，而在另一方面，智能家居系统带来高度的个人化设计，为建构更多高弹性与多功能的生活空间带来了可能性。

▲ 上海 SLD+ 梁志天设计集团企业文化馆（摄影：孙骏）

华人设计发展的喜与忧

近年来，中国建筑和室内设计行业蓬勃发展，一些世界顶尖的建筑师和室内设计师都来到中国开展创作；同时，不少中国设计师也开始走出国门，在国际舞台上展露才华，并获得了一定的认可。但"中国的设计水准到底有多高"，这是梁志天最近常在思考的问题。"大家要清楚地认识到，整体而言，中国的原创设计离国际先进水准仍有一定距离，很多设计师对新科技、新物流，以及现代人居理念的认知都不够深刻。

不过，我深信随着国内经济整体发展越趋强盛，这些都会得到改善和进步，中国的设计师对设计和美学的认识将越趋成熟和多元化。大家要认清差距，沉下心来，一步一步地打好基础。只要紧握机会，继续努力，中国设计走向世界将指日可待。"

中国的文化博大精深，具有强烈的识别性和文化特点，可应用的元素极为丰富，这是中国设计师的优势。中国的设计师应该善用这一优势，深刻理解国人的需求，从而发展出富有个人特色的设计风格。

▲ 上海 SLD+ 梁志天设计集团企业文化馆 (摄影：孙骏)

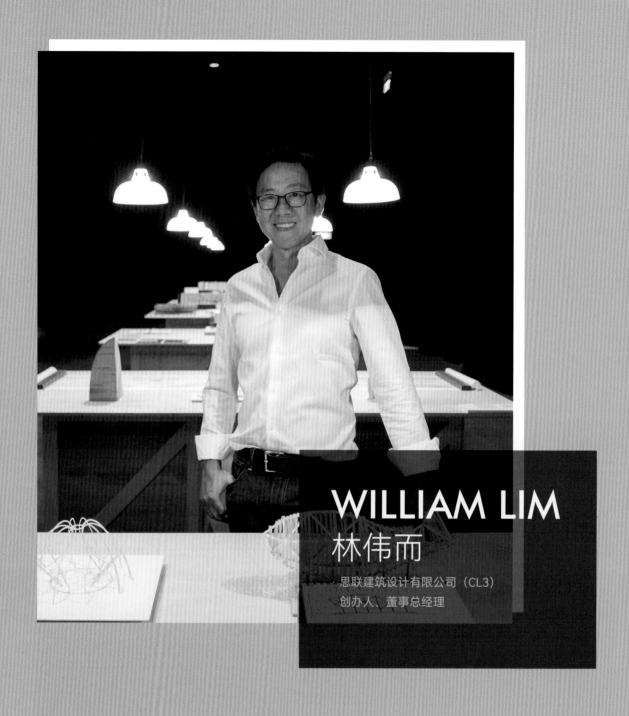

WILLIAM LIM
林伟而

思联建筑设计有限公司（CL3）
创办人、董事总经理

BLEND CULTURE AND ART INTO MODERN
DESIGN
将文化与艺术融入现代设计

"我经常思考一个酒店是为什么人而设计的。一个300间房的酒店，我不可能为全世界人去设计，假如一天有 300 人入住，一年也就有一万多人。了解这一万多人的需求就是我要做的事情，他们的兴趣、生活方式，都能在这间酒店中找到落点，这就是一个很成功的酒店。"

一路走来的酒店设计人

国内项目如重庆来福士洲际酒店、深圳湾万丽酒店、唯港荟、北京世园凯悦酒店、深圳香格里拉大酒店、香港太古东隅酒店、香港荃湾西如心酒店，以及国外项目如日本东京千禧三井花园饭店、新加坡滨海湾金沙酒店……他从事酒店设计，已经有四十余年了。

"林伟而"，似乎是酒店设计界的一个符号。"190 多个专业设计奖项""艺术爱好者""一家五口全部从事设计""除了国内多个城市，作品还曾在美国、荷兰及韩国展出"……这一切的标签，都使"成功"这个词在他身上得到了显而易见的体现。然而，这一切并非一蹴而就，这次的对话让我们看到的，不是一个遥不可及的被"成功"包裹的林伟而，而是一个沉入设计、低调、务实的林伟而。

林伟而硕士毕业于美国康奈尔大学建筑系。结束了五年的建筑学习后，他却转身进入室内设计行业。对外界关于这一转向的疑问，他给出的答案是，"建筑跟室内是应该共同考虑的，室内是人能真实感受到的空间，我一直都觉得室内是一个很重要的部分……当我经过自己设计的地方，我会觉得我改善了他们的生活，这是一件令我很开心的事情"。

建筑设计是理性的，室内设计是感性的，学建筑出身的他，却将感性与理性处理得刚刚好。

最初从事设计的林伟而只有一个十几个人的小团队，那时的他，需要通过一些朋友介绍的小项目来维持团队运营与生活。他职业生涯的转折点源于新加坡滨海湾金沙酒店项目的设计委托。

新加坡滨海湾金沙酒店的设计灵感源于《清明上河图》。酒店的规划引用了《清明河上图》的长画卷构图形式，巧妙地在一个长尺度空间里规划人流和导向。花费了三年，林伟而团队漂亮地完成了该酒店的设计任务，也是从那以后，他的酒店设计开始迈入另一个阶段。

▲ 深圳湾万丽酒店（摄影：严明）

▲ 北京世园凯悦酒店（摄影：b+m studio）

多重元素结合的设计

林伟而认为，建筑、室内、艺术三者间有很密切的关系，他会在每个项目中尽量平衡三者的关系，尤其是在做追求个性化的酒店项目时。同时，他认为房间内部的布局要遵循从建筑到室内的构思，这样会让设计师有更多的发挥空间。

在面对不断变化的世界时，林伟而坚持以中国传统文化和艺术为设计的核心价值。他擅长把人文生活的精髓融入现代的设计，将独特的东方美学以现代手法诠释出来，创造出兼容并蓄、以人为本、具有艺术价值的优质设计。

林伟而也一直活跃于艺术界，特别是公共艺术。他曾多次举办个人展览，展出公共艺术装置，除了国内多个城市，他的作品还在美国、荷兰及韩国展出过。

经得起时间考验的设计

什么样的设计作品能称为好的设计？林伟而如此回答："好的设计最起码应该满足功能上的需求，但是只满足功能需求还不能算是一个好的设计，好的设计还应该打破常规，这样才能有出彩的地方。但是也不能随便地打破常规，它还需要有一个很理性的演变过程。此外，好的设计也不应该是很夸张的那种，或者说，虽然一眼看过去好像很震撼，但是慢慢地会发觉里面有很多问题的那种。好的设计应该是能经得起时间考验的。"

在林伟而心目中，他希望当别人看到他的设计时，会有一些与众不同的感觉，会觉得很舒服，耐看也耐用。就好像中国香港太古东隅酒店，虽然开业已经十多年了，但一些人去参观的时候依然会觉得这个酒店的设计还是蛮有意思的，是有一些想法的。对他来说，这是一种最好的评价，因为这证明了他的项目是能经得起时间考验的。

▲ 重庆来福士洲际酒店（摄影：邵峰）

▲ 东京千禧三井花园饭店（摄影：Nirut Benjabanpot）

SHERMAN LIN
林学明

· 集美组设计机构联合创始人

DESIGN SHOULD FOLLOW THE TIMES AND
REMAIN TRUE TO HEART
顺应时代变化，回归设计初心

林学明，中国资深室内设计师，被誉为"广州室内设计界的奠基人"，集美组设计机构联合创始人，过去二十多年一直兼任广州美术学院建筑艺术设计学院、中央美术学院城市设计学院客座教授、硕士研究生导师。

个人的进步源于社会的发展

作为中国室内设计的拓荒者之一，林学明在设计上的心路历程也一直在变化。

在资讯不发达的 20 世纪 80 年代初，中国室内设计市场几乎一片空白。随着社会经济的进一步开放，设计师们开始有更多机会接触发达国家，了解世界的设计。因此，学习借鉴成为当时设计发展的主要手段。近年来，随着中国综合国力、国际地位的不断提升，经济的强势发展，中国的室内设计行业进入了繁盛时代，设计师们也开始更多地关注对本土文化的表达。

林学明的设计之路紧随时代发展。他的设计领域从城市设计逐渐延伸至乡村、休闲旅游服务产品的设计。

他对设计的理解也从一开始比较侧重形式上的表现，到现在更加注重对人性的关怀，更加关注自然环境的保护。更重要的是，他的服务对象发生了质的变化。

20 世纪 90 年代初，设计的服务对象基本是国有企业。到了 2000 年以后，市场发生了重大变化，新的经济实体开始如雨后春笋般出现，大大激活了市场经济的竞争模式，繁荣的经济对设计的要求更多样化。如今，到了以"80 后""90 后"为主要消费群体的时代，他们对文化和生活方式有更高的要求，他们的认知和世界观也促使着设计发生变化。

在林学明的眼中，设计师要走在时代的前面。在未来，他希望能更多地关注自然生态的保护项目，把不断提升生活品质作为设计目标。

"总体来说，我觉得个人的进步源于社会的发展，没有社会生产力的推动，没有消费群体的进步，设计的繁盛局面也难形成，社会要求设计师走在时代的前面。"林学明是这样总结设计的转变的。

▲ 棠美术馆（集美组设计机构 2019 年设计并提供图片）

▲ 棠美术馆（集美组设计机构 2019 年设计并提供图片）

只玩视觉游戏不行

在林学明看来，做设计绝不能一味地追求空间在视觉上的简单刺激，更重要的是能给客户提供一种情感和文化上的享受。设计应该是有情怀、有温度的，应该避免夸张、不切实际，做到低调、有内涵。林语堂曾说，生活所需的一切不贵豪华，贵简洁；不贵富丽，贵高雅；不贵昂贵，贵合适。在很长一段时间里，社会的价值观发生扭曲，变得浮躁，因此设计也流行喧嚣热闹，追求视觉刺激。素雅的、低调的、追求文化内涵的设计不太被普遍接受。

"社会发展速度太快，大家要有一颗比较平静的心去看待这种'五光十色'，不要停留在表面，形式追求多了，设计的本质就会丢掉，设计也就没那么专心致志了。"林学明说。

这几年，很多设计师都在思考这个问题：如何创造一个适合中国人的生活环境？

针对这种现象，林学明表示，社会对这方面的探索是一个好的趋势。所有东西都改变了，建造材料改变了，居住空间改变了，人们生活的方式也改变了……设计不应只是追求视觉上的美，更重要的是创造出满足当下人们需求的人居环境。设计师可以通过自身的情操、素养去感染客户，帮助他们提高对美的认识，这对社会是一大贡献。

▲ 北京中信金陵酒店（集美组设计机构 2012 年设计并提供图片）

▶ 广州长隆酒店一期
（集美组设计机构 2001 年设计并提供图片）

坚持文化自信

五千多年的历史孕育了中华民族悠久的传统文化，中国的文化是独一无二的，设计师有责任通过自己的方式将其优秀的部分传承下去。

由于互联网的发展和科技的进步，中国室内设计也发生了巨大的改变，从向欧美看齐，到当下同质化严重。

如今坚持原创的呼声不断，设计师在文化理解和身份认同上有了很大的转变。在林学明看来，无论对中国传统文化还是对西方现代文化都不应盲从，应取其精华去其糟粕，在批判中学习。设计师要踏踏实实地做一些研究，在自信中找到一条自己的出路。

他理想中的建筑是与自然共生的。不与自然法则对抗，做尊重自然的设计一直都是他的目标。

▲ 青岛地铁 1 号线（集美组设计机构 2020 年设计并提供图片）

LIU DAOHUA
刘道华

· 餐饮空间设计专家
· 刘道华建筑设计事务所（LDH）创始人
· 中央美术学院特聘课程教授
· 中国建筑装饰协会软装陈设专家委员会专家委员
· 中国室内装饰协会陈设艺术专业委员会副秘书长

DESIGN IS TO CONSTRUCT THE
RELATIONSHIP BETWEEN TRADITION AND
FUTURE, HUMAN AND NATURE
设计是建构传统与未来、人与自然的关系

刘道华，刘道华建筑设计事务所 (LDH) 创始人、创意总监，国内知名空间设计师、中国室内装饰协会陈设艺术专业委员会副秘书长。建筑学专业毕业的他擅长将建筑思维运用到室内空间中，创造将当代艺术与中国传统文化相融合的室内空间。

2010 年，从大董餐厅开始，刘道华正式进入餐饮设计领域，打造了一个又一个经典作品。他也由此被誉为"大董餐饮品牌御用设计师"。

过去

饮食在过去解决的是温饱问题，后来才讲究吃好。三十多年前，不管经营者还是消费者，对于饮食，更多讲究的是食材本身及烹饪技巧，对店面的装饰并没有太多关注。

餐饮领域真正开始重视设计也才十几年，尤其近些年，餐饮设计慢慢成了极具吸引力的专项设计。国内大多数设计师都对这个领域感兴趣，或多或少都有所涉猎。中国的餐饮市场 2019 年已突破四万亿，据统计近年来每年新开跟倒闭的餐饮店几乎是同比例的。餐饮行业淘汰快，周期短，但市场越来越大，对空间环境的要求越来越高，需要更多的设计师投身于此。

刘道华的餐饮设计之路要追溯到十几年前。那时候餐饮设计还未成型，他抓住了餐饮设计发展的契机，由最初的住宅、办公、商业等的全面发展到专攻餐饮设计一项。在一次机缘巧合下，刘道华开始与大董餐厅合作，他辉煌的餐饮设计之路也由此铺开。

常言道，"民以食为天"，从事餐饮设计以后，刘道华觉得自己的生活是幸福且丰富的。之前，他从未发现餐饮文化居然如此有趣。他会去研究世界餐饮文化，会拿中国餐饮文化与世界餐饮文化进行比较，这样一来竟逐渐激起了他要通过设计将中国餐饮文化发扬光大的责任感。

▲ 郇厨芦园（摄影：如你所见 - 王厅）

▲ 鲁采－三元桥店（摄影：鲁哈哈）

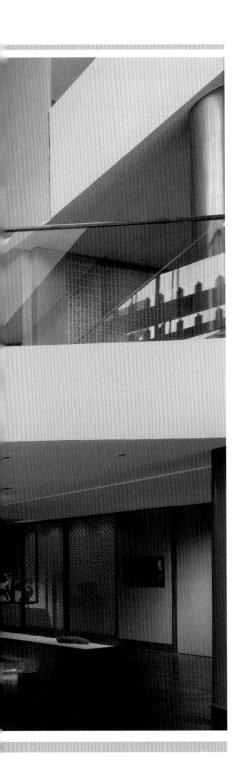

当下

随着国家经济的发展，国民消费水平的提高，当今餐饮消费者除了追求食材、口味之外，开始有了对就餐环境与氛围等精神层面的消费需求，因此经营者也开始关注品牌经营。

设计师不只是简单地为客户打造拥有设计感的空间环境，还要为客户带去价值。这跟设计其他项目是不同的，餐饮空间面对的是最直观的市场竞争与压力。

对设计师来说，设计一个好的餐饮空间，首先就要了解餐饮企业的文化、企业面对的消费群体、预计推出哪些菜品、打造什么样的消费环境等。只有这样，设计师才能对设计主体具有更深层次的了解，打造一个好的餐饮空间。

"餐饮行业最大的困难，是讲究投资回报率。不管多高端或高阶时尚的餐厅项目，都会遇到这样的困难。"刘道华说道。

现在，餐饮行业全面发展，出现了更细分的领域，如商务餐厅和快时尚餐厅，这两者最大的区别是翻台率。快时尚餐厅需要的是潮流时尚、高速流转，商务餐厅需要的是高端优雅、充满仪式感，而消费美食是最后一道程序。所以对商务餐厅来说，最重要的是整个文化底蕴的提升。一般餐饮空间 2 平方米一个餐位，商务餐饮空间可能会做到 5 ~ 8 平方米一个餐位，甚至 10 平方米，牺牲大量的面积来成就仪式感。目前，这些细分领域的市场还没有被全部占领。

当下社会的信息碎片化状态和信息量之大是前所未有的。在全球化的信息时代，找到自己真正想要的或者符合市场规律的东西其实很难。最好的自我解救方法，还是从书本上系统地学习，把社会上所有碎片化的信息通过自己的方法论进行系统的归纳总结，去芜存菁。

▲ 品煨江南（摄影：鲁哈哈）

未来

近年来，以 IP（所有成名作品的统称，如文学、影视、动漫等）为核心，由娱乐行业带来的"粉丝经济"掀起了巨大的热潮。这股热潮也延伸至餐饮界，餐饮品牌也出现了衍生品，比如一些 IP 设计、后期研发等，未来衍生品设计也会继续发光发热。

另外，随着环境污染的不断加剧，环保将会引起人们的强烈关注，低碳、环保、创意性的消费模式也会加速餐饮行业的转变。未来，餐饮设计理念也会更加注重回归自然。

最后，中国餐饮行业走向国际也指日可待。任何一个行业走向国际化，都是随着国力、人均消费能力、技术能力的提升而提升的。空间设计国际化是一条必然的道路，餐饮设计也不例外。中国餐饮设计的发展也就十几年，但这十几年的颠覆性非常大。餐饮业是一个市场预期非常高的产业，因为每个人都离不开"吃"。"随着我国经济实力的日益提升，我们的餐饮行业也势必会走向国际化。"刘道华坚定地说道。

▲ 品煨江南（摄影：鲁哈哈）

LUO SIMIN
罗思敏

· 高级环境艺术设计师
· 广东思哲设计院有限公司董事长、总设计师
· 中国建筑学会室内设计分会广州专业委员会副会长
· 广东省环境艺术设计行业协会副会长

RESPECTING THE HERITAGE OF NATURE AND CULTURE
自然而然，一脉相承

在我们采访过的所有设计师中，罗思敏无疑是特殊的存在。他不像一名设计师，反而更像一位文化行者，用设计的笔触书写岭南风格和新东方主义，在设计的实践中探索城市的文化复兴，随类赋彩，嵌入文脉，让各种设计元素碰撞出气质的契合、风格的融洽。

罗思敏从 1983 年开始从事室内设计，于 1988 年创办了中国第一间民营室内设计事务所"思哲设计"，他用三十余载的从业生涯，为我们书写了一部设计传奇。

岭南，只是一种文化表达

"岭南文化不是一个固定的标签，它是十分鲜活的，因人文、地域、气候、植被的变化而不断变化。"罗思敏说，他并没有对岭南文化有任何偏爱，岭南风格也不是硬造出来的设计流派，而是文化包容下的自然流露。

亚热带气候下高大的芭蕉丛、木棉树，因梅雨季而产生的骑楼，因炎热天气而出现的室外餐厅……这些最自然的岭南文化元素都是与当地生活最贴近的存在。在设计中添加这些与自然、气候、生态、环境息息相关的元素，不仅是为了传承岭南文化，更多的是出于一种可持续的文化自觉性。

尊重当地自然生态，挖掘地域文化风俗，刻画岭南人的文化精神寄托，赋予建筑或空间独一无二的文化气韵，或许这样的设计才是岭南人最理想的居所，体现了"归家"的寻根要义。

被打上"岭南风格"代表人物的标签并不是罗思敏的本意。任何一个设计师都不喜欢被标签化，但罗思敏却很自豪，因为他正用他的设计让更多的年轻人认识岭南，了解岭南，热爱岭南，让日渐边缘化、零散化的岭南文化综合再生。岭南风格只是一种文化表达，表达的是罗思敏的情怀与欢喜，表达的他是对岭南这片土地的眷恋与热爱。

新东方主义，是广域的文化集萃

"'新东方主义'并不只是一个中式符号，亦包容了亚洲其他地区的文化，是一种文化的汇流，是设计创意的文化源泉。"自7岁起拜师学习国画的罗思敏，骨子里透出的东方韵味，给了设计作品更多他所熟悉的文化表达，这种表达是真实的、发自肺腑的。

▲ 广州市清华坊青欣阁室内外设计（图片由广东思哲设计院有限公司提供）

▲ 广东天峰集团办公大楼室内外设计（图片由广东思哲设计院有限公司提供）

空间或是建筑设计都需要符号，如何找到这些元素并将它们组成建筑或装饰的一个部分，成为新东方文化中的一个小点。即使在现代风格，甚至欧式风格的作品中，都体现出中国人的生活态度和精神，这是他持续推进"新东方主义"的理想与动力。

罗思敏所倡导的"新东方主义"是创新与再造，要求设计师更多地考虑活力化与年轻化。它囊括了年轻人向往的神秘东方与现代逻辑，也包含着古今中外的东方要素，是广域的文化集萃。

将现代作品用传统语言去表述，再融入现代人的生活习惯与功能需求，注入东方意境，使空间散发充满东方魅力的人文气韵，这正是"新东方主义"的精髓。

城市文化复兴，践行寻根

"作为设计师，我们无法复兴文学和饮食等文化，但我们可以倡导城市文化，也有能力恢复和传承一个城市的建筑和生活形态，所以我写了一本书叫作《城市文化复兴》。"

城市里的每一座"老"建筑都是有故事的，虽然并不是每一个故事都荡气回肠，但每个细小处都有隽永的文化表达，这是"城市文化复兴"的深层含义，需要设计者深入思考、挖掘和表达。如果一个项目完全改变了原来的建筑文脉，那肯定是不对的，但是完全不动地保留也未必恰当，这就需要包容和创新，让新旧文化碰撞出新的价值，这是旧项目改造的精髓。

罗思敏擅长改造岭南旧建筑群，他说，现在有很多在创新上做得非常好的设计师，更喜欢站在多个角度去寻根，去思考如何传承文脉。旧城改造的重点和难点是保护和修复，而不是创新，所以用得更多的不是创意，而是传承。每一个项目的设计，都必须找到历史依据。那些历史遗留下来的，我们要保护；那些被毁坏、歪曲的，我们需要修正。

兼容并蓄，寻找和修复中国传统文化，延续与重构历史文脉，这与罗思敏所倡导的"新东方主义"一脉相承。

▲ 广东天峰集团办公大楼室内外设计（图片由广东思哲设计院有限公司提供）

醉心国画与陶艺，沉淀文化本真

"如今，我希望把更多的设计机会留给年轻人，把更多的时间用来做一些跟中国文化相关的事情。"罗思敏自称是圈内资深文艺老青年。他有自己的茶室和画室，在景德镇还有一间自己的陶瓷创作工作室，现在大多数时间他都隐居于此，醉心于国画与陶艺。他想让自己慢下来，沉淀下来，去思考文化的本真。他说自己更像一个艺术家，也更想做一个真正的艺术家。

国画和陶艺本来就经常出现在罗思敏的设计作品中，虽然有时只是一个细节处的轻点缀，但文化传承总在不经意间自然发生，没有一丝刻意的痕迹，这或许就是他在丰富的经验中对文化的持续而清晰的表达，也正是东方文化传承的体现。

思哲设计成立三十余年以来，培养了一批又一批的设计师，其中不乏行业内的佼佼者。未来，罗思敏更想成为一名师者，传道授业解惑，将三十余年的设计经验教授于后辈。

人类积攒了几千年的文化智慧与财富，需要被层层剥开，让更多的年轻人近距离感受、了解并产生共鸣。作为生活的设计者与文化的传承者，肩负的是一份沉甸甸的社会责任，罗思敏经无悔岁月的洗礼，交出了一份榜样答卷，更堪称是在这个时代演绎传统文化传承精神的思想家。

▲ 广州市商业步行街上下九路外立面整饰（图片由广东思哲设计院有限公司提供）

LV
SHAOCANG
吕邵苍

· 吕邵苍设计创始人、总设计师
· 云隐东方 · 院品牌创始人、产品总设计师

COMPREHEND THE WISDOM OF ORIENTAL BEAUTY
内观东方美的般若

纵观那些别出心裁、独具匠心的设计，无一不是在一材一饰中融入设计者的巧思，在一物一景里植入设计者的自信。从业三十多年的吕邵苍，从纯粹的设计师，到投资者、策划者、运营者，实现了一次次角色的转换与融合。如果非要用一句话来概括他，东方生活美学践行者、酒店设计行业领航者，或许能够验证吕邵苍对设计倾注的匠心。

东方生活美学践行者

中国传统文化博大精深，留给我们很多思索与想象。我们或许不曾经历历史和岁月的浮沉，但是能从文化典籍、诗句名篇、古建筑遗迹中，体悟文化的厚重与传统的情怀。

东方美，是中国哲学与禅学滋养出的"般若"（终极智慧）。吕邵苍将这种东方生活美学智慧归结为道法自然、因地制宜、天人合一。

吕邵苍认为，设计作品中极致的东方生活美学，只可意会不可言传。如果硬要解读，单从透视、轮廓、造景等视觉感受出发是远远不够的。其实，心灵的感受与共鸣，比视觉美更具诗意。

中国人骨子里大都有一种庭院情结：我想有个小院子，花开花落一辈子。庭院里迎来送往、熙熙攘攘，许多人可能注意不到池边一棵树的倒影、透镜墙反射的一束光，但这些，都是设计师运用生活美学对庭院设计倾注的匠心。

作为云隐东方·院品牌创始人和产品总设计师，吕邵苍将院子的概念融入民宿酒店设计，引领了新一轮小而美、美而精民宿酒店的市场风向标。2017 年，云隐东方·院结缘莫式老宅，在无锡京杭古运河旁，打造了一处桃花源式的江南院子——莫宅，让老建筑再次焕发新的生机与活力。

吕邵苍是一个理想主义者，莫宅是他的一个作品，更是一块东方生活美学试验田。让东方生活美学在民宿设计的土壤上开花结果，他是最早的践行者之一。

酒店设计行业领航者

吕邵苍于 1999 年成立了自己的设计公司，通过多年的积淀，打造了数十个城市地标性的五星级酒店作品，在酒店设计领域形成了独树一帜的专业优势。同时，他也涉足精品酒店、特色民宿、地产建筑、文旅

▲ 上海虹桥云隐美居酒店（摄影：文宗博）

▲ 无锡艾迪花园精品酒店（摄影：文宗博）

小镇及商业空间等多个领域的设计，得到了来自客户、行业与社会的高度赞誉。

在不断实践的过程中，吕邵苍开始思考更深层次的设计体系 —— 东方生活美学在酒店设计里的运用。"无处不东方，处处有诗情"，将传统文化中的自然与诗意、人文与底蕴融入空间的美学场景，是他设计作品的灵魂。

将商业逻辑和东方生活美学进行结合，同时挖掘空间的价值属性与文化内涵，二者并不矛盾。这是文旅产业的文化再造与价值提升，是以文化赋能商业。这种带有文化符号的商业价值重构，表达了绵延五千多年而不散、冲破时间、空间结界，打破地域、人文界限的中式情怀。

集人文温度、地域美学、生活禅意于一体，尽可能于一处场景中进行极致表达，或许这就是吕邵苍所秉持的"一店一设计，一城一故事"的原创设计理念，亦是他的"攻守道"，只有懂的人才能理解。

逃离琐碎的生活，择一处酒店或民宿，将心宿之。空间设计的惊喜只在一瞬间，但其带来的放松感与治愈感则无限存在。融合地域文化，为居、习、餐、饮、会、集提供一个有生活品质、有人生故事的理想生活目的地，形成与旅居者的心灵共鸣，才是酒店或民宿设计的第一要义。

明心见性的内观者

内观是自然的净化，摒弃虚假，直达本质。内观是如实之道，没有强度的大小，只有过剩或不足。从业三十余年，从行业的"旁观者"到能够静下心来客观剖析自己的"内观者"，吕邵苍付出了比别人更多的努力。在内观的道路上，他始终保持纯粹与坦然，简单生活，迎接挑战，不被外界所干扰，坚定而孤独地前行着。

明代著名理学家、教育家王阳明主张"知行合一"。汉传佛教讲究"明心见性"。吕邵苍深挖东方生活美学，从主观吸纳到客观自悟，再到成就自己，在追寻"知行合一，明心见性"的极致之路上，成为业界的强者，也因此被广为称颂。

▲ 云隐东方·莫宅酒店（摄影：文宗博）

设计历程，在每一次关键节点上的理性与正确的选择，慢慢积淀成为他内在的专与精。吕邵苍专注而执着地探索着，渐渐形成了体系化的设计理念与内涵，在激烈的市场竞争中始终保持优势步伐，稳步向前。

在追寻设计理想之余，吕邵苍特别注重培育和协助年轻设计师成长。受他的影响，在他的团队里，年轻的设计师很容易成为全面发展的"高手"。他培养出来的年轻设计师，逐渐在行业内崭露头角，纷纷在各大赛事上斩获佳绩。他常说："设计文化需要传承，前辈的经验能够让年轻的设计师们少走很多弯路。反过来，年轻设计师们活跃的思维，也给了我很多思路触发与灵感转化。"

一路走来，吕邵苍用谦虚之心和虔诚的态度，引领了东方生活美学的理念思路与发展方向，以使命的感召叩问文化的深思，拓宽了设计师的视野与构思世界，让东方文化精髓激发共鸣，遍地开花。

▲ 云隐东方·莫宅酒店（摄影：文宗博）

MENG JIANGUO
孟建国

· 中国建筑设计研究院有限公司总建筑师
· 北京筑邦建筑装饰工程有限公司董事长
· 北京市建筑装饰协会会长
· 中国建筑装饰协会设计分会会长

DIVERSIFIED STYLE AND INFINITE CREATIVITY ON DESIGN
设计风格无定型，设计创意无界限

于当下来看，孟建国对中国室内设计而言具有双重身份，一个是中国室内设计三十年发展的开拓者和见证者，另一个则是当下这一行业的领军者和推动者。中国室内设计发展的时间脉络，像印在他脑子里的一张图表，他随时随地都可拈取其中一段，娓娓道来。因为一路亲历，对他来说，不管过去多少年，图表时间坐标轴上那些指数级上扬的拐点都清晰如昨。

而回到当下，在与中国室内设计同步发展三十余年之后，孟建国在设计师的身份之上为自己找到了更多角色：中国建筑设计研究院有限公司总建筑师、北京筑邦建筑装饰工程有限公司董事长、北京市建筑装饰协会会长、中国建筑装饰协会设计分会会长、中国建筑装饰协会软装陈设分会会长、中国建筑装饰协会材料应用分会名誉会长、中央美术学院建筑学院硕士研究生导师……这些头衔外隐含的，不仅仅是三十余年亲历室内设计的成就，更昭示着他对于推动室内设计发展不遗余力的初心和姿态。

三十余年的设计故事

泰戈尔说，时间是变化的财富。时钟模仿它，却只有变化而无财富。总有人孜孜不倦，赋予时间内容，变化与财富便随时间迎面而来。所以，他们是时间的旁观者，是时间轴上内容的亲历者，更是一个时代发展的记录者。聊到华语设计发展的这些年，当提及三十

多年前的中国设计是什么样，现在发生了哪些变化时，孟建国有点儿兴奋，如数家珍地向我们介绍中国室内设计这三十余年发展的起源、变化、布局及未来。

20 世纪 80 年代，是中国装饰装修行业起步和迅速爆发的时期，孟建国便是于此时开启了自己的室内设计人生。如今，全国有很多高校已经或者正要设立建筑和环境艺术院系，社会上还有很多其他形式的室内设计教育资源，就连儿童的绘画和艺术教育环境也有很大改善，相比于此，在他进入室内设计的那个年代，只有他就读的中央工艺美术学院（现清华大学美术学院）有环境艺术系。

而他当时学的是工业设计，后转入室内设计。这是那个时代大多数室内设计师的经历 —— 没受过专业培养，基本都是半路出家。当时，但凡与艺术或者美术相关的专业，如绘画、陶瓷、染织、包装等，甚至是广告专业毕业的人才，都一股脑儿冲向这一领域。

星星之火，可以燎原

每个人都被时代裹挟着前行，有人被时间的洪流湮没，但那些永葆初心者却能浮于水面，自在漂流。正是因为有了孟建国等先一步拓荒的尝试者，中国室内设计这一行业在萌芽之初，便表现出了旺盛的生命力。在他们开始出发的时代，建筑和室内设计是被打包在一

▲ 青藏铁路拉萨火车站（摄影：张广源）

▲ 全国政协常委会议厅（摄影：张广源）

起的，没有细致的行业分界线，没有专业的视角和标准。

孟建国当时主持的建设部建筑设计院室内设计研究所，是当时中国最早、也是唯一一家做室内设计的机构。站在今天，我们习以为常的电脑制图，在那时还只是一个梦想。"我们那时候都是用水彩、水粉和马克笔等手绘画图，包括画效果图、平面图和立面图，完全没有今天的智能和便捷。"孟建国描述的那个时代的特色，是现代的室内设计师完全不敢想象的行业环境。经济条件的客观存在，限制了设计师的视野。书本是他们通往创意和想象的唯一通道，自主原创的难度无异于登天。即使在这样的大环境下，初代设计师身上炽热的激情也没有被磨灭。他们一步一步探索着去设计，细化到室内设计所涉及的每一个产品。如灯具，从电线到螺丝钉，都是设计师一点点画出来，然后再去制作的。这样全程参与的经历让孟建国这一代设计师拥有对设计更宏观的掌控能力，以及对设计负有时代责任的更高格局。

与他同行的那一代设计师，是 20 世纪 80 年代里一群特立独行的"向美"奋斗者，用他们带来的星星之火，在中华大地上燃起空间设计的"红"。当我们立于当下的空间设计行业中，站在前人的肩膀上，向历史回望，向未来展望时，初代设计师今天给予我们的是开天辟地级的行业先锋之馈赠。

执着于专业实力，回归设计本源

与时代一起向前的，是室内设计行业不断开放的视野和独立自主的创新理念，这让中国室内设计只有山寨和模仿的非原创历史就此翻篇。对室内设计专业的严谨态度，对生活本真的初心，是孟建国无论站在哪个高度都贯穿始终的坚持。时间的积累和历练，让他有能力和机遇主持举足轻重的大型项目设计。他参与主持过中华人民共和国外交部大楼、全国政协办公大楼、国家文化和旅游部办公大楼、北京大学 100 周年纪念讲堂、北京首都博物馆、鸟巢、新疆丝绸之路旅游集散中心等多个知名大型室内设计项目。

不断呈现出令人惊叹的作品，让他始终从容不迫且优雅地屹立于中国室内设计行业的舞台中心。当年的设计者成为管理者，成为大型项目的掌控者。时间在变，经济环境在变，行

▲ 首都博物馆新馆（摄影：张广源）

业环境在变，身份在变，而对于孟建国来说，永远不变的是对专业实力的执着追求。室内设计师应该是生活家，设计要为人们的生活创造价值，这是他始终坚持的初心。于大处着眼，也于细节处要求不凡，于生活处回归设计本源。在《秘密大改造》节目中，在为海军一级军士长鲁其豪设计家时，孟建国从这位爱家却因公常年离家的铁血柔情汉子的性格出发，深度挖掘他对家和生活的热爱，用自己的创新和细致，为其打造了一个舒适、有温度和艺术感的居所。

设计风格无定型，设计创意无界限，室内设计这件事没有标准答案，但最终成就设计的一定是专业和对生活的敏感把握，这是孟建国行走设计路多年始终坚守的初心，也是他馈赠给年轻设计师最宝贵的箴言。那些站在高处被仰望的大师，不是因为站在了更高处，而是因为初心的能量超越了一切高度，也早已超越了"术"的层面。

前人栽树，滋养新生力量

在今天的中国，室内设计有初代设计师的集大成者，更有"80后""90后"年轻一代不断涌现出的亮眼创新。多年的设计与生活美育培养，让室内设计这一专业在普通大众的心目中，从接触，到尝试，到接受，再到需求，占据着越来越重要的位置。在这样的逻辑中，设计行业不断发生着新生力量被发掘的美丽故事。

在设计界，我们常常听到关于"80后""90后"以刷屏作品一战成名的传奇。看似天时地利人和的顺其自然，不是天然的巧合，是三十余年一代又一代设计师铺垫的必然结果。前人栽树，开辟了一片适宜设计生长的沃土，是孟建国这一代设计师在自身成就外，给予年轻设计师们在榜样之外的更直接的推动力。

至今为止，他还在用自己的实际行动，为年轻人营造更加适宜发展的环境。站在室内设计全景发展的视角上，行业理性和宏观格局成为这一代设计师的基本素养。孟建国身上承载着一系列的身份名片，不管是自己主持的北京筑邦的工作，还是在各种协会对设计新

政策的推动，他都在致力于给年轻人创造非常宽松的成长环境，让他们能够专注于自己的设计工作，产生更多原创的价值。

孟建国对未来的室内设计充满着新想象，在他看来，新技术的介入，让室内设计未来大有可为；新生力量的融入，让室内设计涌现出一批年少有为的设计师。他期待着充满新鲜血液的新生代设计力量，在当下乃至未来，能以不同形式探索新科技注入下的室内设计活力，打破传统设计的"界"。

"百花齐放"

为室内设计振声的孟建国，与初生萌芽的新设计者们，就以这种方式，穿越时间，悄然共鸣。"大咖"与新人碰撞并野蛮生长，是当下室内设计应该呈现出的盛景。

在不同年代里，始终有人为中国设计的发展而鼓掌与欢呼，为之画笔不辍，从而不断传承，不断创新。对每一个设计新人而言，当年第一代人的开疆辟土、敢为人先的首创精神，永远值得敬佩。

MENG YE
孟也

· 空间设计师
· 孟也空间创意设计事务所设计总监
· 外 WHYGARDEN 家居品牌创始人

TO CREATE A HIGH-QUALITY LIFE
BY DESIGN
用设计打造高品质生活

提到孟也，很多人的第一反应就是"明星御用设计师"。有许多著名演艺界人士的住宅设计出自孟也设计团队之手。可以说，孟也是中国当代私人住宅设计发展的见证人。

初遇孟也，你会觉得他是个随性的人，谈吐幽默、为人和善，还爱在朋友圈臭美、卖萌加自黑。多聊一聊，你会发现这个人随性外表下的执拗、果敢和完美主义。这些看似矛盾的性格却很好地统一在他身上，他笑着说："大概，因为我是天秤座。"

明星御用设计师

孟也的团队致力于为具有高端审美诉求的人群定制独有的高端住宅空间，主张设计气质的多变及创新，在全国多地完成了众多高端私人住宅及地产设计项目。孟也的各个作品都恰到好处地践行了设计对"美"的诠释，曾经在全国各地斩获无数空间设计大奖。

为什么这么多演艺界人士会找孟也团队做私宅设计？

原因大致可以归纳为三点：首先，艺人的职业属性决定了他们的审美与时尚感，很多明星更倾向于找一个敏锐的、有创意的、有更高要求的团队；其次，艺人的职业性质也决定了他们需要绝对的私密性，能够提供更高安全感的团队是他们的首选；最后，孟也设计团队是专门做私人住宅的，在设计和工艺的很多流程上都更加专业，不但能够满足演艺界人士对个性化设计的需求，而且能给予他们更多好的意见和建议。

"设计师其实是一个自我品牌。个人品牌的美誉度、信誉度和安全感是客户口口相传的。演艺界是独立的一个圈子，服务做好了，就会有信誉和口碑，圈子里的人会相互介绍。"这也是孟也团队跟演艺界人士合作比较多的一个因素。

高品质生活

如何界定有品质的生活和高品质的生活的区别？孟也认为，有品质的生活是指体面的生活，是一种社会应该赋予每一个人的生存尊严；而高品质的生活则是指人们在基本品质之上追求更多精神层面的，而非物质层面的行为。孟也设计团队目前主要的服务对象就是那些追求高品质生活的人群。

其实，人们对高品质生活的理解是在不断进步的。过去，对高品质生活比较通俗的理解就是"烧钱"，把钱花在表面上，满墙的金黄色大理石、金黄色水晶吊灯，那时候人们对高品质生活的需求还处于一个较低级的阶段。随着"80后""90后"成为消费市场的主

▲ 水流云在（摄影：Boris Shiu）

▲ 水流云在（摄影：Boris Shiu）

力军，他们对高品质生活出现了审美上的变化，在设计上也更愿意投入。私人住宅的高品质其实除了体现在那些日常用品、装修材料上之外，更体现在设计所散发出来的气质上。这是很重要的，气质就是价值。

中国设计行业的转变

在孟也看来，近两年，中国室内设计行业的变化确实非常大，由此出现了两种现象。一种是高端设计师的从业方式越来越轻松，并且越来越受尊重。整个社会开始认识到设计的重要性，产品供应商、家居类的集团企业都开始向设计致敬。高端设计师有了更大的发挥空间，设计师的费用也水涨船高。中国设计师的作品一年比一年更精彩，设计师们真的是在比着更好的作品做设计，这是特别令人欣慰的现状。

另一种是中国室内设计师群体正在不断壮大，每年有数以万计的新毕业生进入设计行业的家装板块，因为家装板块是最能接纳这些群体的，没有门槛，给了他们就业的机会。这本来是一件好事，但是问题也由此而产生。因为没有门槛，家装设计从业者专业度参差不齐，这反过来会影响室内设计行业的发展。

近年来，很多家装公司都开始偏向产品化，甚至完全产品化。初入行的设计师走投无路，求技无门，最终渐渐远离设计的本专业而变成销售。这并不是说销售不好，只是说年轻的底层设计师在从业上普遍存在着迷茫与无助的感觉。

孟也是一个家装设计师。他是相对有发言权的，或者说是最了解行业现状的人之一。他常常在各种媒体上号召改变行业现状，也是希望大家关注到最底层设计师的生存和发展状况。他认为，设计行业只有更重视设计底层专业人才的培养，使设计的力量得到进一步提升，才能获得更长远的发展。

▲ 无边居所（摄影：Boris Shiu）

▲ 紫御华府（摄影：Boris Shiu）

▲ 私人住宅（摄影：朱海）

▲ 紫御华府（摄影：Boris Shiu）

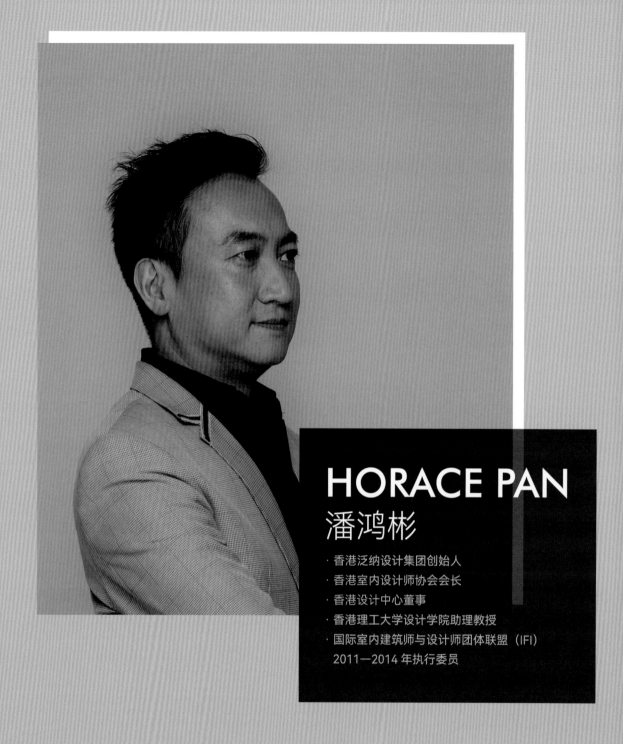

HORACE PAN
潘鸿彬

· 香港泛纳设计集团创始人
· 香港室内设计师协会会长
· 香港设计中心董事
· 香港理工大学设计学院助理教授
· 国际室内建筑师与设计师团体联盟（IFI）
  2011—2014 年执行委员

SOCIAL RESPONSIBILITY BEHIND THE
DIVERSIFIED THOUGHT
多元化思维下的社会责任感

设计师是潘鸿彬的人生底色，多元身份是时间在这一底色上的叠加与丰盈。当下，他有着多重领域的身份，皆生发于设计，深化于设计。

他几乎拿过所有国内外权威设计大奖，创办了香港泛纳设计集团，多次被国际论坛或研讨会邀为主讲嘉宾，还担任过世界级重大设计赛事国际评委；将设计专业发展到设计教育范畴，担任香港理工大学设计学院助理教授；担任香港室内设计师协会会长及国际室内建筑师与设计师团体联盟（IFI）2011—2014 年执行委员……以他的个人经历为线索，我们不难发现，多重身份往往是设计大师的人生自然走向。

多元文化环境衍生多元化思维

对设计本身的聚焦，是潘鸿彬持续多年的人生命题。多元化是写在他基因里的，所以即使仅就设计师这一个身份，他也总能出其不意地找到新的角度。这些呈现于设计专业之内的表象，其实是来自他设计之外的思维惯性。他出生于印度尼西亚，成长在中国香港，受多元文化的熏陶，具有开阔的视野，对新鲜事物总是充满好奇心，因此养成了多元化的思维方式。

这种多元化的思维方式使他逐渐形成"不讲风格，做体验设计"的设计理念。设计中的他更像是一位"空间导演"，为看似一成不变的空间增加一层丰富而生动的情绪色彩。他主张"让空间会讲故事"的体验式设计。建筑的立面、材质、色彩、灯光等，都是"空间电影"的"演员"。强烈的视觉冲击和戏剧性的碰撞，让空间的情绪和故事性成为电影的明线，而艺术性则是不可忽视的暗线，悄无声息又自然而然地唤起置身其中之人的情感和想象。

这种张力，较之直白的艺术性表达更能够触动人心里最柔软的部分，从而达成情感上的共鸣。内容大于形式，是永不过时的立意。以此为理念，潘鸿彬几乎包揽了设计界所有权威和知名的奖项，德国 iF 设计大奖、德国红点设计大奖、INSIDE 世界室内设计节奖、美国 IIDA 亚太区最佳设计大奖、美国《室内设计》杂志中文版年度最佳设计大奖、英国 FX 国际室内设计大奖、英国国际酒店及地产大奖、日本 JCD 国际商业设计大奖 100 强、新加坡 SIDA 室内设计大奖、中国最成功设计大奖、中国台湾室内设计大奖、中国香港设计师协会环球设计大奖……即使带着这样的成绩和光环，即使成为行业焦点，他依然不断地重新审视自己，去链接全球视野，去探索更广阔的新大陆。从他人生的整个时间轴线上放眼去看，这些成就使他有机会发掘更多设计视角，创作出更多优秀而多元化的作品。因果相生，生生不息。

▲ 觅居酒店（摄影：深圳市广大传媒有限公司、POPO VISION）

▲ 成都文轩儿童书店（摄影：深圳市广大传媒有限公司、POPO VISION）

设计的实践，在证明自身专业的意义之外，其实本身便是一种体验、一种积累，能够应用于之后的教育研究，对更多新生设计力量产生正向影响，能够去触碰更细分领域的设计边界，站在更高的社会维度上去重新审视和表达设计。以设计为入口，以设计为出口，从设计到商业，到设计教育，再到社会设计的更广阔格局，潘鸿彬的设计轨迹，为后来者提供了一种可借鉴的成功模式。

设计教育是他以设计打开的新世界之一。多年设计实践的累积，以及自成体系的理论晋升，让他在设计教育上具备得天独厚的优势。从设计教育的微观层面来说，对于自己的学生，潘鸿彬倡导理论与实践的交叉。多年来的经验提醒他，实践是对理论的深化，更是一种评判，唯有在学习中携带设计实践这一"武器"，方能真正成为一个好的设计者，而非纸上谈兵的理论家，所以他的学生都是前两年集中学习理论，后两年进行实际项目操作。让理论融于实践，是加速的学习。而他所创办的泛纳设计集团，也会优先给他的学生提供更多历练的机会。而从更加宏观的层面上来说，潘鸿彬一直致力于设计教育的改革，探索以更加规范的行业标准，去提升整个设计行业的专业度。"偷师"欧美的教育系统，结合中国设计的实际情况，以香港为试点，他主导的改革已经在有条不紊地开展了。对于这一长期且艰巨的改革，他有着深远的思考，他希望参考欧洲建筑师认证的模式，设立一个公开的考证制度，让室内设计系的学生毕业后也像建筑师一样有两年的实习，然后参加统一的考试，考到证书后成为注册室内设计师。这样的教育改革，不仅有利于提高整个行业的水准，让拥有更高资质的专业设计师不再内耗于自我阐述，还能够利于设计师与客户的双向选择，也让室内设计专业得到更多的尊重和凸显。

目前，关于设计专业知识的六本教材已由香港理工大学开始编写，作为一种规范，未来也将向内地推广。改革的步伐迈得史无前例的大，大到可以重新定义室内设计行业，但潘鸿彬不遗余力的态度和强大的信心，给了我们非常坚定的信念。

▲ 深圳云著酒店（摄影：POPO VISION）

激发设计的社会责任感，开启新起点

如果说教育视角体现了潘鸿彬对设计行业的责任感，那对社会问题的思考则彰显出他的社会责任感。潘鸿彬喜欢研究社会学，思考如何让社会变得更好。他倡导推动社会设计的发展，希望借助设计思维来创新性地解决社会问题，小到改善生活方式，大到推动社会革新，从关心空间到关心人类，这是格局的改变。

他不断思考路径，尝试以奖项的动力和平台的力量，构建一个更加完整的关于社会设计的体系，去引导设计师提高社会责任感，鼓励他们通过设计的创造力关注和解决社会问题。这样的课题看起来非常宏大，甚至可能有点缥缈，但潘鸿彬一直在从细节着手去实践，如他对室内设计环保问题的关注。他认为，室内空间的设计于功能和艺术感之外，还应该关注环保与健康本身。在对居住者的关怀方面，大到空间，小到材质细节，都是设计师应该通过自己的专业技能去解决的设计问题。这也是用设计提升生活品质的终极命题。这不仅仅是一项对设计专业的挑战，更是设计师对社会责任的自觉思考。

作为香港室内设计师协会的会长，潘鸿彬学习和参照了欧洲很多先进的理念和措施，也在积极探索一切可能性，如设立环保方面的特别奖项，加强对节能与环保材料使用的激励。同时，他还提倡通过设计的人文意识不断去渗透和普及环保意识，从而引导和带动整个社会大环境，包括政府、地产商、个人空间拥有者对这一社会责任的认同和自觉意识。设计就像一个永无止境的命题，从起点到终点后，会唤起另一个起点。每个人都身处其中，既是终点，又是起点。

▲ 深圳云著酒店（摄影：POPO VISION）

SIZA CHAM

覃思

· TCDI 创思国际建筑师事务所创始人
· 中国建筑装饰协会文化和科技委员会副会长
· 澳门室内设计师协会荣誉会长

THE STORY OF
A PIONEER

一个拓路者的故事

对覃思来说，"管理"这个词是解决一切问题的答案或者切入点。"管理"在他的人生范畴里，不只是事业之钥，还是一个广义范畴的处世之道。对他来说，管理是问题，管理是路径，管理更是答案。

从设计师到设计管理的拓路者

覃思的设计故事，或者说人生故事，可以说是一个拓路者的故事。

他曾被保送赴葡萄牙里斯本大学文学院研学，是首位特批免试进入华南理工大学攻读建筑学专业的澳门学生。在学生时代，他的作品在公开竞标中中标，并被列为市重点工程项目。努力与优秀的标签，一直跟随着他走入了设计行业。

初出茅庐便已拥有丰富积累的他，于1998年在澳门创办了T&C事务所，并在广州设立分支机构，之后又于2008年将事务所更名为TCDI创思国际建筑师事务所。自诞生之日起，他的事务所始终秉持着"设计赋能"的核心理念。

覃思在设计中一直坚持"以作品成就客户"的设计目标。在他看来，在整个设计过程中，所有的专业手法、成本核算，甚至是美学表达等一系列工作都必须以满足客户的需求为核心开展。

"设计不是非黑即白的，而是一个圆"，他认为设计的所有环节，都是为了形成"协同业主，达成需求"这一闭环。

历经多年的设计深耕与沉淀，他所带领的TCDI创思国际建筑师事务所为业主提供规划、建筑、室内、软装，全专业全流程一体化的解决方案和定制设计服务。开拓永无止境，围绕着设计，他展开了一系列生发于设计，却不局限于设计的进化。

人生最终的价值在于觉醒和思考的能力，而不只在于生存。他不断探索，从建筑设计到室内设计，再到管理研究与实践，由设计赋能逐步走向管理赋能。

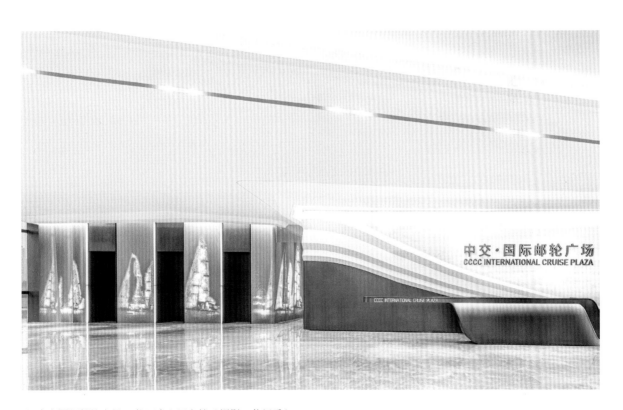

▲ 中交国际邮轮广场 – 航运中心写字楼（摄影：黄钎乘）

▲ 中交国际邮轮广场 – 航运中心写字楼（摄影：黄钎乘）

万事皆离不开"管理"

对任何事情都持有管理的思维，并以科学、严谨的逻辑去实践，是覃思个人成长与发展的密钥。在他看来，万事之成功、之平衡，皆来自管理的科学性。

覃思的每一步路，都充满了对"管理"之道的践行和印证。例如，对于自己的职业规划和事业发展，他拥有着非常明确的管理目标——直面社会，在更多的挑战和机遇中历练，不怕试错，多总结和学习，以寻找更正确的路径，从而建立个人的认知逻辑和行为逻辑。

此外，他在事务所的运营上总结出一套"立体设计管理"体系，并将这一体系具体拆解为三个层面。

第一个层面，立体设计可解读为全方位的综合设计能力，只有将专业知识和美学修养全方位地融汇到一起，才可能做出好的设计。他主张设计不设限，每一个点、每一个领域的研究，皆可助力设计。关于生活、艺术和专业的各种可能性，他总是乐于尝试，让视野打开。在他看来，这皆算不得跨界，只是在不同的维度上去解决设计问题。

第二个层面则上升到战略与战术上，大到品牌、运营、财务与团队，小到每一次项目的展开，都需立体的认知与策略。

第三个层面则延伸至角色的平衡，每个设计师都要管理好自己的社会角色、家庭角色与职场角色，都要有相应的能力去匹配这些角色。

正因为覃思始终以管理的思维和底层逻辑去探索、试错、总结及实践，所以他总是可以做到世人眼中全能化的角色，不仅在室内、广告、视觉设计上有所建树，在设计管理上也有所突破。科学的管理体系的建立，保证了他不在公司时所有工作都可以有条不紊地进行。在社会角色外，他在平衡事业与家庭方面，也能始终保持着良性的节奏。

覃思认为他的"万物皆管理"理论，可以为生活与设计中出现的一切问题提供现实、有效的解决方案。

▲ 广州归谷科技园（摄影：黄钎乘）

专业的极致是一种信仰

大众喜欢称覃思为"全能设计师"，他对此总是谦逊地不承认。但现实的情况总是在佐证着他的游刃有余。除了自己的公司，他还担任其他公司的股东，向外输出自己的设计和管理认知，将个人价值无限外放。

如果要为覃思在各方面的成就找一个共同点，那便是"做到极致"。从建筑设计到室内设计，再到设计管理体系的探索与输出，每一个节点的跨越，都是无数次实践、分析、总结的结果。

覃思坦言，每次跨越都是一种极致的修炼，例如，在解决公司的运营问题上，他将痛点当作切入点，自身认知不够，就去上 EMBA（高级管理人员工商管理硕士），去参加专业训练，去报名学习各种课程，最终将学习到的知识内化为自我认知，再结合工作实践，形成一套自己的设计管理体系。

再比如，他会尽可能广泛地分析行业痛点，找到对应的解决方案，打磨出更好的设计管理课程，并以更易理解的方式，传达和分享给有需求的人。他极致的完美主义，体现在每一个细节上——每一页 PPT、每一个思维导图，他都会精心制作，反复打磨。

极致生出品质，极致终有所成，极致也源自覃思做好每一个角色、向外释放价值和能量的简单初心。

分享是快乐，亦是责任

因为在设计管理上的成就，覃思被称为"最懂管理的设计师"。对于这一称号，他笑而回绝，"相比之下，我更愿意称自己为'最愿意分享管理的设计师'"。

从没有一蹴而就的成功，也不存在主动到达的终点，覃思的今日所得、所输出，是其二十余年设计道路上摸爬滚打之所成，更是一种内心使命的召唤。"于设计上有所建树，输出更多作品；于事业上赋能客户；于管理上正确决策公司运营；于专业上得到同行尊重；于社会输出更多能量和价值，通过分享，通过公益，承担更多责任。"这是他一直在实践不同社会角色的初心。

针对当下设计实践中的每一种痛点，他不断打磨各种设计管理课程，不遗余力地输出。在他看来，分享是一种快乐，让自我总结和收获与社会碰撞，会生发出一种新的能量。

不管作为设计者，还是作为设计管理的拓路者，他愿以敢为人先的精神，点亮自己走过的每一段路程，为后来者踏出一条坦途，帮助年轻设计师少走弯路。

▲ 广州归谷科技园（摄影：黄钎乘）

RAYNON CHIU
邱春瑞

· 大易国际设计事业有限公司 (DaE) 品牌创始人
· Q NEW ARCHITECTURE 建筑美学演算法创始人
· TOPOLOGY 拓扑基础设计研究室创始人
· 我和我的同学工艺制造所共同创始人
· 博思学社共同创始人

A DESIGNER OR A PHILOSOPHER?
"设计师"还是"哲学家"?

关于文化，历来有两种表述：一种是以哲学、历史、文学等为系统观念的文献学的表述，主要是以抽象的文字记载而传世；一种是以音乐、绘画、器物等为系统观念的艺术学的表述，主要是以具象呈现的方式留存。空间设计作为一种写实性的艺术表现，一般被归类为第二种。

邱春瑞跨界建筑设计、室内设计、哲学研究、系统知识研究以及管理，通过探索哲学层面的"观念表达"与设计作品的"内在逻辑"，兼顾文化的两个层次，用干净而纯粹的设计语言，创作出哲学与设计的"协奏曲"。

以哲学为尺，让艺术与生活共存

日本顶尖设计师原研哉曾在《设计中的设计》中说：将已知事物陌生化，更是一种创造。细细琢磨，其中其实隐喻着设计的哲学思维——不是设计师在思考哲学，而是哲学家在做设计。一直在研习哲学的邱春瑞深谙此道，他希望通过哲学思维来思考设计，让空间多一分美好与精彩。

邱春瑞有过一段短暂的记者生涯，那段经历锻炼了邱春瑞的洞察力与分析能力，对他研习哲学大有裨益。

他深深地体会到：学过哲学和没有学过哲学，完全是两种人生。哲学可以帮助人们在面对世俗的纷扰时保持潇洒自如，活出幸福本我。

他认为，空间设计师应该是一个实用型的艺术家，而一个不懂哲学的设计师，不能成为一个好的艺术家。他一直在探索设计艺术与中国五千多年文化中传统造物精神的哲学基础。很多中国古代哲学家以哲学的视角透视了艺术的层次，特别值得设计师学习和思考。

人这一生，是见自己、见天地、见众生的过程。设计师心里应该有把尺，随时丈量设计中艺术与哲学的比例：艺术多一分，则容易脱离现实，虚华无物；哲学多一分，则容易具象偏颇，生硬无趣。而邱春瑞，深谙哲学与艺术的平衡，严守格物、开物、造物的精神，一路前进，一路收获。

干净的设计，是到达亦是回归

邱春瑞常说："干净，是好设计的门票。"短短的一句话涵盖了两方面的思考：首先，干净是设计的敲门砖；其次，这种设计必然是好的设计，而不是设计理念的简单借鉴与叠加。

▲ 世城阅湖花园售楼处（摄影：YUAN MEDIA LAB）

▲ 坪山万景熙岸华庭（摄影：张骑麟）

空间的干净，不仅是表面的修饰功夫，而且是设计师修炼内心的大道至简，是见惯了世事芜杂、人事浮沉后的返璞归真。繁忙的现代都市人，工作之余希望回归"诗意田园"，寻一方净土，暂时逃离现实生活，这与邱春瑞的设计理念契合。因此，他更注重为客户创造一种氛围，将空间打造成一个"灵性空间"，帮助客户实现空间梦想。

诗人顾城曾说："一个人应该活得是自己并且干净。"经历过人生浮沉的设计师一般会发现，一个人内心越干净，设计思维越干练，设计表达越简单，越容易与客户达成共识，这是当下一些年轻设计师不容易体悟到的。

邱春瑞认为，设计其实是一种修炼，就像武侠功夫，从无招到有招，再到无招，从而达到"无招胜有招"的境界。这既是武侠的"禅"，也是一种哲学逻辑。年轻设计师不必急于求成，要循序渐进，看过设计路上的风景与坎坷，具备了将空间设计做"干净"的能量，才能建立自己的原创理念，成为被大家认可的设计师。

邱春瑞不喜欢跟别的设计师做横向对比，他认为内心强大的设计师，应该敢于不断挑战自己，将自己作为对手，不断刷新自我"格斗"的战绩，这是他一直进步的能量源泉，也是对年轻设计师的引领。

老子回归本真、自然、无为、不争、知足的哲学思想，在无形中影响了邱春瑞，成为他所倡导的"干净设计"的哲学依据。

于干净中直击纯粹，这是邱春瑞的设计名片。懂得留白的艺术与哲思，才是对空间最高级的设计态度。

▲ 坪山万景熙岸华庭（摄影：张骑麟）

海峡两岸的文化汇流

多年前，邱春瑞与多位大师共同发起了心 + 设计学社，刚开始只是一个简单的台湾设计师在大陆的同乡会。后来，在邱春瑞的倡导下，大家分享学术、拓展渠道，慢慢整合、引领整个设计圈的意识形态。他提出了一种建筑美学演算法，利用空间哲学的感性与理性，通过建立数据模型，用空间感去推理事物的发展，跨界研究量子力学。

设计之余，邱春瑞喜欢玩单车，他拥有 200 多辆世界顶级的单车，朋友常常戏称他可以办一个单车博物馆。

他每周骑行 200 千米，在与地心引力的对抗中，思考设计的哲学问题；他研究、改装单车，并将此当作设计练习。在极简的纯粹中，邱春瑞一直不忘初心，追逐着自己的设计理想。

▲ 深圳 9 号公馆（摄影：般若印象）

T. K. CHU
邱德光

· 新装饰主义大师
· 亚洲设计界领军人物
· 邱德光设计事务所主持人、总设计师

THE PIONEER OF NEO-ART DECO
ORIENTAL AESTHETIC STYLE
新装饰主义东方美学风格的开创者

邱德光，中国室内设计界的领军人物，被誉为新装饰主义大师，在从事建筑与室内设计四十余年的职业生涯里，作品遍布全国各地，斩获国内外大奖无数。

他对建筑设计和室内空间的色彩搭配、材料质感等有独到的见解和要求，因独树一帜的设计风格而广受好评。其作品充满灵动的气息，被赋予真实而绚烂的生命观感，这在国内乃至国际的室内设计行业中都是极为罕见的。

设计师不完全等同于艺术家

在邱德光的心目中，设计师一直是一个伟大而神圣的身份。年轻时，他也曾理想化地思考是否能够把脑海中所有的灵感和想法都倾注于设计中，按照自己的方式去做设计。然而大学毕业进入社会，接触了一些设计项目，有了实践经验后，他才发现设计不是空想，而是要结合现实情况。设计师不完全等同于艺术家。设计师需要根据客户的喜好和要求去完善设计。换句话说，设计的本质是在帮助客户描绘一个最理想、最完美的家宅梦。

在邱德光看来，只想按照自己的风格来做设计是一厢情愿的，设计师必须了解客户的需求。"如果客户喜欢华丽的、金碧辉煌的，但你认为这种风格不完全适合现有空间，可以多加沟通并提供不同的方案建议，因为客户会受到社会脉络、文化背景、生活习惯等多方面因素的影响。设计师应深入挖掘这种喜好背后的原因，并在自己力所能及的范围内帮助业主实现他的梦想。与传统艺术家不同，设计师应以客户的需求为先，不能把自己的想法强塞给客户，让他过你的生活。"

作为一名优秀的设计师，仅掌握一种风格满足小部分消费者的喜好，是远远不够的，必须要会各种不同的风格、各种不同的手法，中式、简约、时尚、梦幻、古典、巴洛克……都是设计师必须了解的。

设计师的基本素养

邱德光认为，富有创意是设计师必须具备的基本素养之一。如果一个设计师没有创意，就很难脱颖而出。

然而除了创意，设计师还应具备极高的敏锐度。在这个互联网异常发达的年代，抄袭成本降低。但邱德光认为，抄袭的作品不仅没有创意，也是在某种程度上的过时，"设计一旦落地，便成为'历史'"。落地、拍摄、曝光，再到抄袭（或借鉴）隔着数重时间。超前于时代、坚持创新的设计师，才能维持长久的竞争力。

不好高骛远，也是设计师必须具备的基本素养之一。

▲ 东莞保利首铸天际（摄影：如你所见－王厅）

▲ 苏州仁恒耦前（摄影：如你所见－王厅）

如果设计师有很好的创意，但是不懂如何将其应用于实践，也是无法成大事的。对刚出校门的大学生来说，一项基本的工作就是要学会"抠图"：厕所怎么画，楼梯怎么做，天花板怎么布置……基础的细节必须要掌握。

另外，设计师不要给自己设限，要"顺势而为"，陷入瓶颈时，暂且"离开设计"。去看展，去享受，去感受生活，它们也许会带来新的灵感。对于邱德光来说，设计是很容易的事情，因为他从不给自己设限。"我告诉自己，要时刻顺应时代的脉络往前走，跟着国人喜爱的审美风格往前走，这样就不容易碰到瓶颈了。"

设计大师的养成

每个设计师都希望自己将来有一天可以成为大师，但是要想成为大师，要先把基础打好。

在邱德光看来，一个设计师的创意能够实现的首要条件是熟练掌握施工图，把抽象的创意转译为具象的、可执行的施工图。任何一个设计师都要经过这个阶段。

许多年轻设计师急于求成，没积累足够的经验就成立自己的工作室，其实可以"徐徐图之"。"我也曾经历学徒期，追随知名建筑师学习从设计到落地的全过程。在社会大学的历练非常重要。年轻设计师如果想要了解从创意到落地的全程，就应该先找一个成熟的事务所实习，从设计助理做起，去画施工图，去学习与甲方或施工人员交流——当然，交流的载体是创意、是图纸，而非嘴巴。"

邱德光设计事务所就是一个例子，他们既不做施工，也不做监工，而是纯粹地专注于设计领域。公司主创人员分散于中国台北、北京、上海，项目遍布全国各地。任何甲方或是施工单位拿到事务所的图纸，不用费力思索就可以依据图纸开始工作。邱德光认为用图叙事的能力在设计行业至关重要，但这不是刚毕业或做二三年设计就能够完全掌握的，绘图经验需要时间来积累——短则五年，多则十年，甚至更久。

"当每一个设计项目都足够瞩目，'你'才可以成就自己，成就自己在设计界的一席之位。"邱德光说。

▲ 苏州仁恒耦前（摄影：如你所见 - 王厅）

拙政江南别墅（摄影：朱迪）

ALFIE SHAO
邵唯晏

· 竹工凡木设计研究室创始人
· 台湾交通大学建筑学博士

EXPLORE THE SPATIAL ESSENCE OF THE NON-LINEAR ERA
探寻非线性时代下的空间本质

活跃于海峡两岸设计界、学术界和艺术界的邵唯晏，承袭了当代建筑设计中的非线性思维脉络，其前瞻性的思考让他的作品和策展活动引起了各界的关注。过去，媒体称之为"野蛮的80后"，现今则誉其为"设计智人"。邵唯晏多次被选为亚洲当代设计新势力代表、"80后"新锐设计师，他还曾代表中国台湾前往日本参与安藤忠雄计划（Ando Program）。邵唯晏同时主持着国内外几家设计公司，更在国际上获奖颇多。他强调设计实务与设计调研的相辅相成。强烈的设计感与敏感度、充满爆发性的创造力是大众对邵唯晏作品的第一印象。

近年来，由于"新世代"的崛起和多元社会的发展，邵唯晏也开始投身于艺术创作和策展工作，致力于提升大众对艺术美学的认识和素养。他曾受中央电视台多档节目的邀请，倡导推动全民美学和二次元文化发展。当很多"80后"设计师还在给自己寻找市场定位、适应设计趋势时，邵唯晏已经建构起了自己独有的设计价值和设计体系，在他的设计节奏和尺度里探寻当代设计的趋势与未来的发展脉络。

设计与生活

作为设计师，邵唯晏的身份是多元化的。他是竹工凡木设计研究室创始人、台湾中原大学建筑系及室内设计系毕业设计指导老师，也是台湾地区室内设计协会四十余年来最年轻的副理事长。他曾多次被知名品牌企业邀请合作研发产品，甚至担当品牌代言人。他曾于2018年受邀担任法国INNODESIGN PRIZE国际创新设计大奖评委，还曾获邀在威尼斯建筑双年展上独立策展。同时，他还著有《当代建筑的逆袭》《设计·未来·超智人》《共·享：设计师的人文思考》《玩物尚志：从二次元到后次元》等书籍。正所谓优秀的人做什么都优秀，拥有多重身份，跨界众多领域，邵唯晏在每项工作上都做得游刃有余。

繁忙的工作几乎占据了他所有的时间，他还有时间享受生活吗？面对这样的提问，邵唯晏微笑着答道："我目前的生活和工作已经融合了，简单地说，我的生活就是我的工作，但是我乐在其中。"

对于当下的邵唯晏来说，兴趣、工作、生活几乎可以画上等号。把兴趣当成工作，在邵唯晏身上不断地得到印证。比如，因为喜欢设计，所以大学的时候他选择了建筑设计专业，后来成立了设计研究室，又担任了设计导师。又如，因为喜欢动漫，组建了专门的部门，从事艺术玩具玩偶的创作。也许是因为自己从事的工作皆与兴趣有关，他不觉得累。

▲ 北京国际酿酒大师艺术馆 MIBA（图片由竹工凡木设计研究室提供）

▲ 欧哲门窗全国总部（图片由竹工凡木设计研究室提供）

当然，他也有在外界看来特别放松的生活，看电影、观展。但在他看来，除了休息，这也是一种吸收养分的途径。

设计与周边

除了拥有多元的身份，邵唯晏在跨界设计领域中也穿梭自如，常受邀担任各大设计类论坛、赛事等活动的嘉宾。邵唯晏希望通过论坛等活动将自己的设计心得传递给遇到瓶颈的年轻人。他很享受与其他设计师交流的机会，这也是自己学习交流、积累经验的一种方式。

他认为，设计类活动的大量出现，给设计师和设计相关领域的人才提供了对话与交流的机会，这是好事。因为设计没有标准答案，它本身就是通过大量的交流和对话碰撞产生新的可能性。"但设计师在参与这些活动的时候不能忘本，不能因为参加大量的活动而忘记做好设计的本职，调整好心态。"

由于这几年担任了很多比赛的评审，邵唯晏也观察到当代设计师有两个特征：第一，现在大量"80 后""90 后"的设计师开始崛起，设计师越来越年轻；第二，设计师对质量要求更高了，以前大部分设计师都急着接单，以量为主，现在更多的设计师开始重视质量，宁可一年只做三四个案子，也不会像以前那样追求接单量。这种从量转化成质的追求，也是设计在这个时代崛起的一个信号。

设计与思考

邵唯晏深入思考的能力似乎在《当代建筑的逆袭》中得到了淋漓尽致的体现。这本书是邵唯晏结合自己多年的设计理论研究与实践完成的一部力作，他在这本书中深入探讨了众多国际大师的非线性设计作品，深入解析了非线性设计的十大特质。正如本书推荐序所言，非线性设计不仅是当下及未来设计的一种手法，更是影响当代建筑思维的一种思想。

这几年设计市场的变化翻天覆地，邵唯晏说："我把它称作是一个非线性的变化，这是一个非线性时代。"在这个非线性的急剧变化中出现了一个重要的特质，就是所有的产业都开始重视设计，设计开始创造价值。以设计为核心的市场，

▲ 大地眺望台（图片由竹工凡木设计研究室提供）

会产生一些淘汰，从而使进入市场的都是具备设计创意的人才，因而产生更多创新的可能性。同时，在非线性时代，设计作品不再只是靠设计师一己之力，而是靠团队成员共同合作完成的。

在这个非线性时代，好的设计师依然是关键。邵唯晏认为，做好设计依然是设计工作者的基本门槛，另外，当代好的设计师要具备两个关键性能力，第一个是洞察力，第二个是沟通力。

洞察力是指好的设计师要能看见别人看不到的风景，要学会关注、洞见、归纳、调研；而需要沟通力是因为这个时代对边界的界定越来越模糊，跨领域的合作、

跨领域的知识交互越来越多，单打独斗或者自娱自乐很难取得成功。

邵唯晏说："未来的时代是一个人人都会是设计师的时代，设计没有标准答案，但是好的设计师应该具有什么样的能力？他在做好设计的基础上，应该善于观察跟交流沟通，具备这两个核心能力，才有可能真正变成一个好的设计师。这是我的一个建议。"

▲ 台北雄狮旅游概念馆（图片由竹工凡木设计研究室提供）

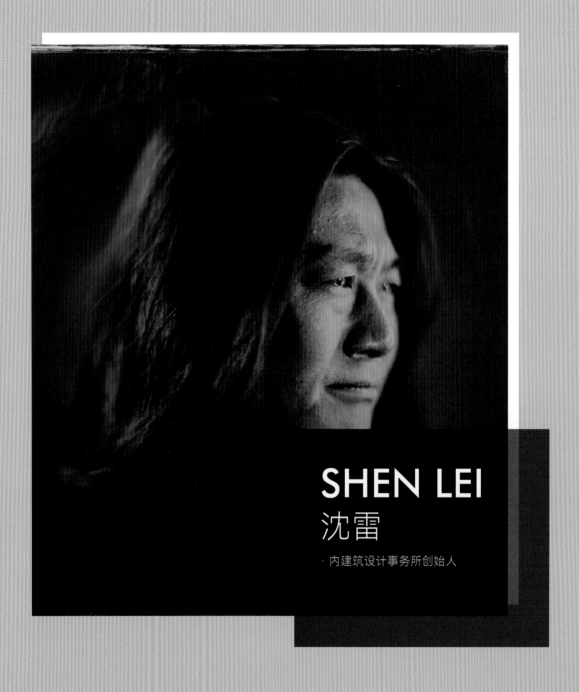

SHEN LEI
沈雷
· 内建筑设计事务所创始人

DESIGN BEYOND THE
INTERIORS
"介于内外之间"的设计

沈雷试图找到一条自己的设计之路。这条路，介于内外之间，跨越建筑与室内设计之间的界线。他坚持从空间设计的整体性角度，采用非模式化的思维方式，思考室内与建筑设计的交融性，并由此展开新设计的视野建构计划。

"张开眼睛看设计，合上书本做设计。"这是沈雷做设计的两个诀窍。

自由

说到沈雷，可能你会说他放荡不羁或者自命清高，但你不可否认他有文人的自由、浪漫与傲骨。这或许从他的经历中可以窥探出一些端倪。

沈雷出生于一个文化氛围浓厚的教师家庭，1988年考入浙江美术学院（现更名为中国美术学院），毕业后被分配到浙江省建筑设计研究院工作。也许在别人看来，这是一份十分稳定而且待遇不错的工作，但他不囿于现状，1998年毅然决然辞去工作，留学英国爱丁堡艺术学院，其间他受邀为英国某杂志撰写专栏文章。2001年，沈雷回国成了《室内设计与装修》(id+c)杂志的执行主编。但是2004年，他又一次遵从了内心的召唤，离开了杂志社，创立了内建筑设计

事务所。每一次的改变，他都在用自己的方式生活与工作着。

或许与文字有着不解的缘分，沈雷喜欢用文字交流。他做设计基本没有参考图，他会把自己脑海中想象的空间，用有画面感的文字描述出来。比如，有一些异国情调的图片，可能与当下的项目没有直接关系，但是沈雷会把它们联想到一起，这样他就对项目有了一个概念，这是他的创作方式。"当然英雄所见略同，每个人都会出现相似的概念。"沈雷笑着说。

除了图像，一首歌、一部电影都可以成为沈雷的灵感，他忠于自己的内心，用自由的方式做设计，他认为这是有价值的。

知足

迄今为止，沈雷已经从业二十八年，读过美术学院，做过建筑师，出国读过书，做过杂志主编，现在在做室内设计，他很知足。

"我是一个特别知足的人，我觉得其实中国设计师都应该知足。"沈雷说，"从全球来看，目前，中国的设计师无论地位还是项目都处于一个很好的状态。"

▲ 野马岭（图片由内建筑设计事务所提供）

▲ 野马岭（图片由内建筑设计事务所提供）

在沈雷看来，作为设计师，首先要爱这个行业，不要透过相机去看设计，要透过大脑去看设计，要记住一个空间给你的感受。听自己内心的声音，看别人的设计，做自己的设计，这是设计师理想的状态。

"在当下无论已经做设计多年的成熟设计师，还是刚从业五六年的年轻设计师，或是正在犹豫是不是要继续下去的设计师，我给大家的建议是，你可以在睡觉之前问一下自己：'还爱设计吗？'如果明天还爱设计，那你就继续，如果后天不爱设计了，那你就停止。人生苦短，一切以快乐为本。"这是沈雷的建议。

在沈雷的眼中，知足还意味着设计师不应该把自己的行程安排得太满，要停下脚步，留给自己思考的时间与空间。作家之所以能写出好文章，是因为他有大量时间去进步，设计师如果把每天的日程都排得满满的，每天要做大量重复性的工作，灵感是会枯竭的。

▲ 苏州双塔市集（图片由内建筑设计事务所提供）

近二十年，中国的发展可以用"迅猛"来形容，中国室内设计整体水平发展也十分迅速，不论从国内外的期刊，还是其他传播渠道上，都可以看到中国的设计屹然站在了世界的前列。

沈雷也坚持认为当下是设计行业最好的时代。设计师可以通过自己过硬的专业技能、大胆的思维、独特的洞察力俘获市场，站稳脚跟。但同时，这也是一个最坏的时代，设计被时代、市场裹挟着前行，丧失了一种话语权。设计师不要过于把着眼点放在当下潮流或短期的利益上，不要急功近利，一味同质化地赶设计。

作为设计师，大家可以选择自己的生存状态，坚持自我或随波逐流。在这个机遇与挑战并存的时代，设计师除了做设计，还要汲取养分。绘画、电影、文学，还有很多设计以外的东西都值得去关注。在沈雷看来，那些似乎与设计无关，却又让设计与生活互相滋养的爱好，是何等精微和美妙。

另外，沈雷也提到，设计师不像艺术家或者画家，可以一个人完成一个作品，设计师需要团队的协作，一个设计作品的完工，一定是设计师、施工人员、甲乙方共同努力的最后结果，所以注重团队协作也是设计过程中不可少的一环。

▲ 苏州双塔市集（图片由内建筑设计事务所提供）

SHIN
NANCHIAO

史南桥

· 中国台湾著名建筑设计师
· 上海高迪建筑工程设计有限公司创始人

MAKE GREAT USE OF SMALL SPACE, MAKE
THE BEST USE OF LARGE SPACE

小空间大利用，大空间大作为

史南桥，中国台湾著名建筑设计师，中国台湾东海大学建筑系学士，意大利米兰理工大学环境设计硕士，于 1998 年创办上海高迪建筑工程设计有限公司，曾七次参加《梦想改造家》栏目录制，因每一次改造都能将空间利用到极致，被誉为"空间魔术师"。

其设计作品始终坚持一贯精细的空间切割方法。在空间的调配和技巧的变换中，他对每一寸地方都毫不妥协，能够在有限的空间里创建多重空间层次并兼顾空间的艺术感，也能够在大空间的设计上做到细致入微，几近雕琢，从而形成了自己的设计风格——"小空间大利用，大空间大作为"。

设计的背后

今年已是史南桥从业的第四十一个年头，他带领的高迪建筑工程设计有限公司已经设计了上千个楼盘、数千个样板间。

他说，到了退休的年纪，得让工作轻松点儿。他的新办公室有健身房、篮球场、K 歌室、演讲舞台、美食厅，当我们对"后半生"的概念还停留在诗酒花茶时，史南桥的"三分球半场空间"为我们呈现的是体内潜藏的能量与年龄之间一次次的对峙。回忆过往，成就与悠闲的背后，是超出常人的付出。

在史南桥创业之前，他也有一段打工经历，他打工的那个公司只有两个人，除了老板就是他。与大公司的分工明确、各司其职不同，在这份工作里，作为设计师的史南桥独当一面，除了设计的基本工作外，采购、财务、市场、税法都要涉猎。在那段时间里，史南桥一天的生活被安排得满满当当：早上早早奔波于不同的工地之间，中午回公司汇报进展，下午甚至夜里都在赶设计图，最高纪录是一天画一个售楼处。也是这段特殊的日子，让史南桥得到了最大限度的锻炼，成了一个"十八般武艺样样精通"的设计师。

1981 年，史南桥在台北创立了高能设计工程有限公司，1998 年将总公司迁至上海，更名为高迪建筑工程设计有限公司。

史南桥回忆刚毕业那几年，台湾当地住宅多是几十平方米的小户型，每个设计师都要学会最大限度地利用有限的空间，"那时真的是要追求少即是多的理念"。将总部迁至上海后，史南桥带领团队开始做楼盘、样板间、会所等项目，"这时，少不再是多了，多才是多"。

合肥咖啡厅 A.C.S COFFEE（摄影：张静）

▲ 合肥咖啡厅 A.C.S COFFEE（摄影：张静）

设计的变与不变

由于经济的提升、科技的进步、新建材的开发，以及装修预算的提高，中国室内设计行业呈现出一种前所未有的兴盛状态。无论设计风格的多样化呈现，还是极其丰富的材料表现，以及施工工艺的精进、全屋定制的厂家配合，一切都使设计的各种细节能够以精致的样貌呈现。此外，智能化、自动化的先进设备的引入，更使人性化、舒适感、多样化在设计里达到空前的高度。

从业四十余年，史南桥处理过个案上千件，其在空间处理、风格把握、技巧运用上的突出能力，为房地产商创造了无数的佳绩。公司的服务领域逐渐延伸至土地规划、产品定位、建筑设计、景观设计、室内设计、软装设计等各个方面，而设计内容也从样板间、售楼处、会所扩展至商场、酒店、休闲、娱乐等各项业态。

史南桥的公司一直坚持以 space（空间）、skill（技巧）、style（风格）作为设计的基本方法，并强调有效率的空间、人造的材料、简洁的造型、功能性的导向、人性化的处理。在史南桥的眼中，这些方法和原则不会因为行业及潮流的不断变化而改变。

设计行业百花齐放的状态，使设计师不得不思考变与不变的问题。如果设计太注重表面的呈现形态和风格，而忽略内部的本质和空间的细节，这是不应该的。不管在任何时候，设计师都应该注重理性和逻辑的思考，深度的设计一直是设计师应该追寻的目标。

史南桥喜欢自己感性的部分，他说，感性爆发时会带来某种灵感。同时他也认为，设计源于对人的尊重，满足功能性需求是设计的第一步，设计的更高境界是艺术美学与空间功能的完美结合，而简洁实用，是一种美丽的诠释。

▲ 厦门中交国贸鹭原生活美学馆（摄影：郑焰）

给年轻设计师的建议

随着社会的发展，未来将掌握在年轻人手中。关于年轻设计师如何抓住机遇的问题，史南桥打了一个有意思的比方："在这个急速发展的社会中，每个人都像站在一趟飞驰的列车上，车要往前行驶，你也停不下来。机会总是留给有准备的人的，面对飞速发展的大环境，目前年轻设计师能做的就是挤时间来提高专业技能。这样，当你上了这趟火车，才能跟得上火车颠簸的节奏，安心地享受这个'慢'。不为悦己，不为悦人，只为安心，可谓匠心。设计是一份耗时的工作，有精密周全的思考、缜密的专业技能，才可能有趋近完美的作品。"

▲ 厦门中交国贸鹭原生活美学馆（摄影：郑焰）

SU DAN
苏丹

· 清华大学艺术博物馆馆长
· 中国建筑学会室内设计分会理事长
· 中国美术家协会环境设计艺术委员会主任

BUILDING STRONG FOUNDATION, BROADENING OUR VISION
稳扎根基，扩大视野

苏丹教授非常健谈，且哲辩思维极强。近一个小时的访谈，更像是一场关于设计的解惑之旅，那些看似充满对立的矛盾，那些看似无解的层层迷雾，在他的指引下，呈现出越来越清晰的脉络。

本次访谈的话题不仅仅限于设计本身，也涉及他在个人发展历程中的积淀。他与我们分享了设计与教育碰撞多年后的经验与感受，呈现其在设计者、教育者及评论家等不同身份之间的转换所得，并通过设计解读传递出更具实践性和前瞻性的思考模式和逻辑价值。在此，我们从他的多重身份出发，选取这场对话中的几个关键词，尝试还原他对设计的深刻哲思。

精神进取

相较于苏丹作品中传达出的艺术性，他的思考充满了严谨而专业的学术性。那些基于理性思维的见地，对青年设计者和创业者而言，将指引他们更加坚定地寻找自我发展的方向，探寻精神成长的意义。

作为致力于建筑与空间设计的研究者、实践者以及评论者，他的成长展现出深藏在中华民族血液里的进取心。"不安分"的"苏丹们"是一个设计时代的领航者。

在过往三十多年间，中国设计从他们那一代人起发生了巨大的变化，从起初以最低的姿态去学习、模仿西方设计，到后来不断探索、试错，以独立的原创精神和跨界的视野，逐步承担起更多的社会责任。

苏丹坦言，中国设计师在国际上是很活跃的，这取决于他们的进取心。作为与中国设计一同成长起来的国内知名设计师，他的人生故事与很多设计大师的经历高度相似，同样是范本之路。他本科毕业于建筑系，后又攻读了环境艺术设计专业的硕士，毕业后于本专业任教并从事各种专业实践，后又担任清华大学美术学院副院长、教授、博士生导师，多次策划和主持大型艺术展览，发表当代设计与艺术的相关研究与评论……苏丹的设计之路，展现着一个人踏实进取的坚韧足迹。

最初，设计在中国并无前路可参考，设计师们从个体的自我探寻出发，去吸收、去成长，见招拆招地解决现实中的一切小问题，不浮躁，更不放弃。进取心是最隐秘而伟大的力量，它在某些人身上是理想，在某些人身上是执念，在更多人身上是踏实，它将个体汇集为时代的力量。从最初一代"苏丹们"开路，到如今中国老中青三代设计师"百家争鸣"，进取心是其

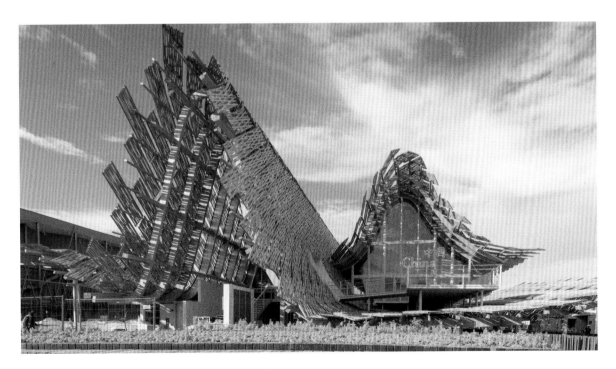

▲ 2015 年米兰世博会中国馆（图片由苏丹工作室提供）

▲ 设计乌托邦 1880—1980：百年设计史 / 比亚杰蒂 – 科尼格收藏展（图片由清华大学艺术博物馆提供）

中最积极的力量。个人的出类拔萃可以潜移默化地诱发总体的变革。进取心就像诞生于一个人内部的光亮，纯粹而确定，即使无法立即看到遥远的尽头，也能够看清前行的路。

专业根基

苏丹被称为标准的"斜杠型成就者"，他是知名设计师、策展人、设计评论家，精于设计，专于教育和研究，还涉足文化创意产业，并致力于工业遗产保护，曾荣获中国建筑学会建筑创作奖金奖、中国美术界的最高奖——全国美术作品展览"中国美术奖·创作奖"、亚洲室内设计联合会杰出贡献奖等多个重量级奖项。

不安分只是每一次跨界的表象，其背后是实打实的专业根基以及跨学科的融会贯通。

"我们这代人受到过 20 世纪 80 年代现代主义建筑学的训练，相对而言偏好极简的东西，以及具有空间趣味的东西。此外，在手法的特征上，对复合的空间和流动的空间比较敏感，这是在那个时代学习留下的根底。"本科就读的建筑学专业，为他奠定了坚实的空间结构基础和理论基础。老牌建筑系的一流工程训练，让他熟谙真正的工程概念以及工作程序，更形成了严谨的工程思维。这些逻辑根基仿佛构建了完整的学术骨架，使他能够以整体思维把握设计。研究生阶段转战环艺专业，是天生不安分的个性抉择，这样的转变对他来说具有非凡的意义。环艺专业的包容、开放和灵活，进一步养成了他面对问题时多元化的视角和解决方式。建筑设计和环境艺术设计的视角迥然，影响着建筑研究的方法和高度，而苏丹的专业经历则赋予其更为广阔的新视角。

苏丹对艺术的偏爱大概是与生俱来的。十几岁还没有学习设计时，他便已经开始关注当代艺术。这成为他人生深刻的根基和伏笔。在过往的三十多年里，他独立策划了几十场艺术展览，在实践领域为自己打开了另一方潜力空间。多元化不仅仅具有身份标签层面的意义，也在他的思维模式里催生了质疑、破裂、融合、再破裂……基于建筑层面的逻辑基础，加之知识和思维的交叉，共同催生了不枯竭的设计灵感。学科间的围墙被推倒，终幻化成惊艳的作品与新颖的设计理念。

▲ 栋梁——梁思成诞辰一百二十周年文献展（图片由清华大学艺术博物馆提供）

▲ 南通唐闸 1985 工业遗迹复兴规划
（图片由苏丹工作室提供）

▲ 南通唐闸 1985 工业遗迹复兴规划
（图片由苏丹工作室提供）

以过往为参照，他更加坚信扎实的专业根基才是最大的实力。而苏丹也一直致力于以行业的力量，推动这种设计根基的夯实与发展。作为中国建筑学会室内设计分会理事长，他致力于研究和推动行业标准的修订，倡导行业内形成学习与交流的氛围，以期贯通行业思维，开拓崭新的创意点。

他颇为重视文化传承，指出设计师不应过度追求时尚化和娱乐性，而应致力于建立自己的文化系统，丰富设计文化根基；同时，还应该注重将地方文化及新技术手段融入作品，传递先进的生活方式，推广前沿健康理念，与时俱进地传承民族文化。

多元视野

不断开阔视野，也是苏丹反复对年轻设计者所提出的建议。他认为，当下中国很多年轻设计师虽已青出于蓝，但以市场为主导的行业状态，令他们大多局限于以解决营销问题为导向的商业化设计经验。在没有系统训练的情况下，虽有个别人或者个别作品脱颖而出，但大部分设计师仅凭商业直觉很难形成系统的设计思维。只有建立正确的方向，进取心才能够化为正向能量。

因此，他倡导年轻设计师保有开放的心态和广阔的视野，一方面将生活的感悟内化为设计灵感；另一方面精进技术技巧，理性思维与感性释放并举，建立自己独特的设计理论体系。

走出国门多看、多体验、多参加国际交流活动，无疑是最直接和快速的精进方式。对于不同方向的学习，他也非常严谨而细致地给出了相应解答。他认为第一层次的学习以观览世界为主，多走访一些规范的设计机构，去观摩他们的工作方法，从而理解西方的城市形态。而根本性的思考逻辑源于生活，源于技术的发展，亦源于人们对社会的认知。年轻设计师应通过深度交流展开更深层次的学习，要体悟其背后的客观规律，而不只是表象。

如果想要跳出设计的桎梏，提升自我的修养，观瞻的内容就不应局限于设计层面。当地的文化、艺术，甚至社会形态，都将是个人思忖人生意义、进行内心终极追问的引发点。唯有多元化的视野，才能够触发多元化的思考；也唯有广泛的体验，才能够提炼出自己的思维体系。平衡忙碌与时间、理想与市场的矛盾，几乎是设计管理者与设计师无法逃避的命题，而苏丹恰恰找到了这个平衡点。

清华大学美术学院、艺术博物馆以及文化经济研究院等机构的一系列教学工作与实践工作，并没有给他在时间分配上造成过多的困扰。就像人们常说的，"当你清楚自己的方向，全宇宙都会为你让路"。最大化地利用碎片时间，调度深度思维，合理安排分工，便是他的工作方法。对于设计理想与市场需要不一致的终极矛盾，他则以哲学的方法论给出解决问题的方向。

项目的横向处理方式以解决实际问题为导向，设计师尽力协调平衡，尽量在每一个项目的设计中先坚持自己的理念，直到最后一个堡垒被攻破。纵向处理方式便是交予时间，时间会给你最好的和解结果。随着时间的流逝，设计师的经验越来越丰富，信念越来越强韧，风格趋于稳定，同频的理念便成为思考的核心要点。苏丹认为，设计需要解决问题的人，也需要坚持自我的人，多元化的包容才能够产生不同的设计结果。而最终，实力才是解决一切问题的关键所在。不忘初心，不急不躁，以实力说话，一切矛盾和症结方可迎刃而解。对于年轻设计师而言，这才是更富有哲思、更接地气的价值观引导。

人生本就是一种广泛的艺术，每个人的人生都是自己的作品。设计师的经历促使苏丹为年轻设计师供给了大量的实践范本；教育者的使命令他更加关注整个设计界的未来发展趋向；评论家的视角则让他跳脱出设计本身的局限，为我们贡献出更深层次的理性思考。

SUN
HUAFENG
孙华锋

· 鼎合建筑装饰设计工程有限公司
  首席设计总监
· 中国建筑学会室内设计分会副理事长

THE DESIGNER WHO CHANGED LIVES WITH
DESIGN AND MADE DREAMS COME TRUE
以设计改变生活的"圆梦师"

从行业的角度来看，设计是拥有庞大体系的专业领域；从生活的角度来看，设计是可以改变生活的圆梦工具。从业多年，孙华锋的设计之路是两条交织并行的线，从设计的道路探索，到品牌创立，再到以设计圆一个个关于生活的梦想，他步履不停，匠心如初。

立作品，以作品说话

个人或者公司设计品牌的建立至关重要，在中国室内设计刚刚萌芽之时，孙华锋便有了这样的品牌意识。他是中国最早成名的室内设计师之一，也是最早建立自己品牌的室内设计师之一。个人与品牌相辅相成，相互成就。

之所以这么说，是因为孙华锋始终在强调立品牌的根本是靠作品说话。不管要做一个出色的设计师，还是成就一个知名的设计品牌，都需要设计师练好内功，输出有价值和有辨识度的设计作品。在他过往的设计探索中，这便是重中之重。从早期餐饮、会所等商业项目的获奖无数，到后来在《梦想改造家》中帮助多个不同境况的家庭打造梦想的生活空间，他不但以专业性得到行业的认可，而且以空间之"暖"打动了大众。

以作品支撑的品牌化，亦不负设计之匠心。当设计师以不断的专业进取形成了个人的作品辨识度，拥有了品牌的知名度以后，他便可以匹配到更好的甲方资源，这是符合事物发展规律的。孙华锋主理的鼎合设计对自己的设计作品有更高的要求，自然也提高了对项目的选择标准。他们会选择那些理念更契合的甲方，从而提高设计的完成度。

圆梦设计师

孙华锋被称为"暖男设计师"，不仅因为他总是笑盈盈的，平易近人，更因为他设计中的"暖"。"室内设计的人文关怀，首要的就是心灵上的抚慰。"这是他不断提及的设计的灵魂。

这一理念在《梦想改造家》的空间项目里，得到了最大限度的呈现，也让这位"暖男设计师"被大众熟知。在成都春熙路的百年川西老宅项目中，他以充满人性化的人文视角和扎实的专业能力，将老宅打造成了一个四世同堂、温馨舒适的居家空间。在这里，90岁的老奶奶可以参与后辈的生活，享受天伦之乐；流传百年的老宅建筑立柱，得以保留；可供14人同时就餐的超大餐厅、多人生活使用的超大收纳空间及每个人的生活细节需求，甚至成都人生活不离的麻将娱乐，都被兼顾到了。设计的结果正是这个家庭渴望的空间。

▲ 建业君安里城市体验中心（摄影：孙华锋）

▲ I Love Sports 总部港店（摄影：如初建筑空间摄影）

家人与家人之间，家人与设计师之间，暖意与关怀在空间中完成了传递。两年以后，孙华锋作为梦想改造设计师去回访这个大家庭，迎接他的是满满的仪式感。四世同堂的一家人提前一周便研究菜谱，为这位带给他们新生活的设计师做了一桌他爱吃的饭菜。这样的感动，对设计师来说，也许比专业评审的夸奖来得更暖心。

到目前为止，他几次被邀请参加这一节目，设计作品类别迥异，如居民菜市场、四世同堂老屋、先锋健身房、人间烟火的食肆……但每次委托人在见到改造后的空间时表露出来的赞叹、激动与感激，都能给他很大的触动——设计师是以设计改变生活的"圆梦师"。

▲ 建业君邻大院（摄影：如初建筑空间摄影）

设计是实用美学

孙华锋主张设计的实用美学，这在他以往的设计作品中处处可见。"参加《梦想改造家》节目至今，我觉得设计更深层的意义并不是理念创新，而是告诉大家设计的可能性，向全中国老百姓传递设计可以改变生活的理念。"不管面对哪一种形态的空间改造，以设计圆梦生活，都是其设计的核心所在，这成为他的个人设计标签。

他的设计作品从没有炫技的成分，永远充满着与使用者的需求契合的实用价值。这样的实用主义，其实与人文关怀是异曲同工的。他主张的实用，是充分考虑生活便捷性的设计，以功能拉近人与空间的距离，以氛围抚慰人心，以美的形态体现人的品位。

多年的设计实践，尤其是参加《梦想改造家》的经历，让孙华锋看到设计一次次地改变了委托人的生活状态。他发现设计与老百姓的关系发生了变化。空间设计行业没有了过去高高在上的学术派和学院派姿态，开始更接地气，更多地与老百姓的生活关联起来，兼顾民生的各个方面。当室内设计行业发展到了为民生而设计的阶段，这本身就是人文关怀的一大体现。

但是，孙华锋也并未否定美学和艺术性在空间设计中的作用。在空间中，实用与美学本就是统一的。两者互为补充，才能使空间使用者在理性和感性上获得多重满足。兼具实用性与艺术性的作品才是更好的作品。空间设计是多元且开放的，未来的空间设计一定有一个分支是更倾向于艺术化的。

孙华锋始终以开放的心态，以设计的力量去改变普通人的生活，帮助他们圆梦新生活。这种开放的心态也在不断改变着他自己的生活方式。他热爱摄影，喜欢记录日常生活的轨迹，还有一个"影展梦"；他热爱读书，且涉猎广泛，他认为即使是玄幻类小说，亦能以对场景的描绘启发设计。画地为牢，也许恰恰是他为自己、为别人不断圆梦的根源。

▲ 建业君邻大院（摄影：如初建筑空间摄影）

TROY SUN

孙建华

· ATENO 天诺国际设计顾问机构
创办人、设计总监

EXPLORE THE PATH OF THE COMBINATION
IN THE DESIGN WORLD

设计大观，无问西东

从 2015 年到 2018 年，四大国内设计界权威学术机构分别将年度最重量级的荣誉授予了设计师孙建华。2015 年，孙建华被中国建筑装饰协会评为"2015 中国设计年度人物"；2016 年，孙建华被中国室内装饰协会授予"中国室内设计十大人物"称号；2017 年，孙建华获得中国建筑学会室内设计分会"中国室内设计影响力人物"的荣誉；2018 年，孙建华又获得亚太酒店设计协会（APHDA）"年度十大影响力人物"的殊荣。国内设计师中同时获得四项殊荣的设计师凤毛麟角，海西地区更是一枝独秀。作为连续两届被中共厦门市委评选为拔尖人才的孙建华，近年来在国内学术界受到的认可堪称设计荣誉大满贯，纵观地区设计界，他当之无愧地成为奔跑在最前面的设计师之一。

孙建华先后毕业于大连理工大学建筑与艺术学院、意大利米兰理工大学设计学院。他具有独到的创新思维、深厚的东方情怀，善于把人文、生态、艺术元素融入作品，以国际化设计手法诠释区域文化，作品具有浓厚的人文气质。建筑学与室内设计的双重专业背景，使他坚持大设计观下的策划、建筑、室内、产品设计一体化，从宏观到细节全面把控项目设计，依照一条完整的逻辑叙述内外统一的设计语言，注重建筑的使用功能与审美品位，同时提高设计效率。他不断进行设计迭代的研究实践，令文化表达与市场价值达到最佳平衡，完成的项目每每成为区域的设计地标。

闽地人文的挖掘和演绎

20 世纪 90 年代设计建成的厦门日月谷温泉是孙建华初入行的开山之作，时至今日仍是福建省内最具盛名的温泉休闲项目之一。十几年后，受老业主所托，他设计完成了日月谷温泉的姊妹篇明谷行馆，该项目也成为福州最具品质感的温泉项目之一。从厦门日月谷温泉、安溪悦泉行馆到福州明谷行馆，可以清晰地看到孙建华对温泉项目设计不断更新、迭代的轨迹。勇往直前，不断面向未来做出高品质的作品是他追求的设计理想。

2015 年，想在鼓浪屿岛上开书店的苏晓东找到了孙建华，他对孙建华说："这是一个小项目，但是希望你能够来操刀。"孙建华没有犹豫，在他眼里，项目没有大小，唯有价值，更何况是令古建筑再放异彩的创作。经过多轮研究后，设计师选定海天堂构之中的一栋别墅作为书店选址。书店的整体设计贯穿了时空穿越的"虫洞"概念，为老别墅的前世今生开启时空隧道，让过去遇见未来。书店最终也因设计师的坚持而起名为"虫洞书店"。海天堂构这组老别墅因这个"虫洞"活过来了。

2017 年，"鼓浪屿：历史国际社区"被成功列入《世界遗产名录》。同年，厦门鼓浪屿管委会邀请孙建华

🔺 武汉东湖 ALILA 酒店（摄影：ATENO 天诺国际设计顾问机构）

▲ 福州明谷行馆（摄影：隋思聪、阿骏）

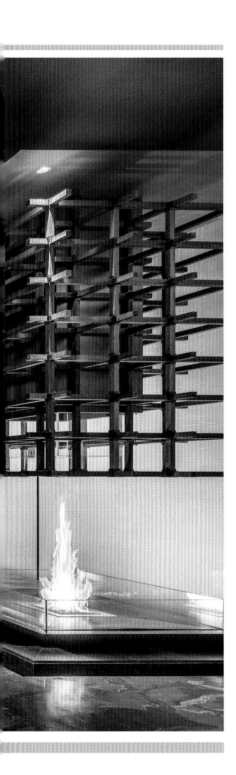

主持设计"纪念鼓浪屿申遗成功标志物"。事实上，在此之前，孙建华已经深入研究鼓浪屿历史建筑更新多年。他一直在努力为那些饱经沧桑的老房子注入新活力，为老故事续写新篇章。

孙建华提出了对海天堂构再利用的设想。他认为，一座历史建筑要对所有民众开放，为社会公用，在这座百年别墅里建造一座讲述鼓浪屿沧桑历史的博物馆也许再合适不过。如果能将那些被称为闽南"活化石"的民俗雅韵如南音、木偶戏植入其中，就能让闽南传统民间艺术有了大放异彩的美妙空间。

孙建华的建议被全部采纳。历时两年、斥资千万重新整修后的海天堂构外表依然保留原有的建筑风貌，但内部已被赋予了丰富的文化旅游功能。孙建华尊重历史留存下来的宝贵时代记忆，使用前瞻、科学的方法对这些老建筑进行活化更新，在对老建筑进行保护加固的基础上，重新演绎时光流转中的文化与历史之美。他所提出的"尊重历史，修旧如旧"原则，在二十多年前可谓是开创性之举。如今这些项目都已成为鼓浪屿上建筑遗产保护以及建筑更新案例的典范。

三坊七巷是福州的历史之源、文化之根，起源自晋、唐，现存大量历史建筑；目前，"望园"项目中的六个院子正由孙建华团队主持设计，项目设计延续传统建筑文脉，创新演绎现代生活方式，追求别致的精神体验空间。

对于历史建筑，孙建华始终认为现代人不应该过度消费他们昔日的辉煌，而应该不断注入先锋的文化，让其在这个时代也成为培养、输出精致文化的基地，这样才能让历史建筑有机生长下去。从厦门到福州，从鼓浪屿到三坊七巷，孙建华始终秉持着让"历史建筑更新、再生"的理念，不断推出"立足现代，面向未来"的作品。

目前，纵观国际上顶级酒店品牌，并没有中国本土品牌的身影，这对中国设计师无疑是一种遗憾，但培育本土品牌在中国已经具备好的条件，如项目的资金投入、基地环境、运营理念等。在孙建华多个正在设计的项目中，与冯仑团队联合打造的黄山·不是居项目将会是重磅之作。

▲ 深圳东部华侨城瀑布酒店（摄影：ATENO 天诺国际设计顾问机构）

▲ 福州明谷行馆（摄影：隋思聪、阿骏）

冯仑作为中国房地产的风云人物，在业界一直享有"地产思想家"的美誉，而孙建华是一个注重哲思的设计师。黄山·不是居项目以"禅与时间"为设计主题，充分融入徽州地区的文化。孙建华为项目注入了浓厚的人文气质，并且在国际化手法和区域文化之间取得平衡来进行建筑、室内、产品一体化创作。

业主对品牌价值和产品质感的追求，加上设计师的思考和创新，使得本土品牌未来可期。

设计作品的国际高度

早在 2011 年，在中意建交五十周年之际，孙建华的设计作品"瀑布酒店"和"印象·中国莲"两个项目应国家文化和旅游部、中国美术馆邀请，与扎哈·哈迪德、库哈斯、王澍、马岩松、朱锫等十几位中外知名建筑师及艺术家的作品，一起代表中国设计在罗马国立 21 世纪美术馆展出。

2016 年，孙建华设计的茶几"承"亮相意大利米兰家具展，作品具有当代的造型理念，同时吸收了福建本地漆画艺术的元素。

2018 年，孙建华推出新作坐计划 3.0 艺术椅"易位"，设计灵感来源于厦门黄厝海边的古戏台，并在 2018 年中国室内设计艺术周主会场展出。

跨界策展人

厦门是孙建华的第二故乡，他不仅在厦门留下了很多设计作品，多年来，还为推动厦门设计行业发展做了很多工作，曾被媒体称为"厦门的设计名片"。从 2008 年开始，他把中国设计界规模最大的学术组织——中国建筑学会室内设计分会引入厦门。作为这个权威学术组织的全国副理事长，孙建华成功邀约中国建筑学会室内设计分会把设计师论坛峰会站点设在厦门，并于 2014 年在厦门组织创办了"首届中国室内设计艺术周"，策划、发起首届设计艺术"场外展"，参展、观展的业内外人士近 2000 人，盛况空前，在业内外形成巨大影响。艺术周和场外展筹备期长达两年，每一个环节都精彩细致，至今这一盛典仍被称为"难以超越的精彩"。2012 年，孙建华还促成了第二届亚太酒店设计年会在厦门的成功举办。

公益践行者

设计之外，孙建华关注社会，坚持做有"态度"的设计。他认为人和人之间有关联，人和物之间也有责任，作为一个设计师，有机会拥有优质的资源并进行再创作，就应该怀有敬畏之心，关心更广泛的群体，关注社会公益，进行有责任感的创作。2014 年，孙建华与其他九位志同道合的设计师共同创立了华人设计界第一个私募设计公益基金会——创基金。

在繁杂的设计创作工作之外，他亲自负责运作基金会的两大公益项目：中国设计创想论坛和创想学堂 A、B 计划。2018 年，创想学堂公益 A 计划——儿童自然美学课程项目荣获中国公益慈善项目大赛金奖，为贫困地区美育教育的普及和美育教育质量做出了切实的贡献，创想学堂项目也受到了慈善界的充分肯定。

孙建华始终思考着如何尊重并利用有限的资源，推动社会环境的改善，创造出美好的价值，在设计理想的实践路上探索前行。

（文案：ATENO 天诺国际设计顾问机构）

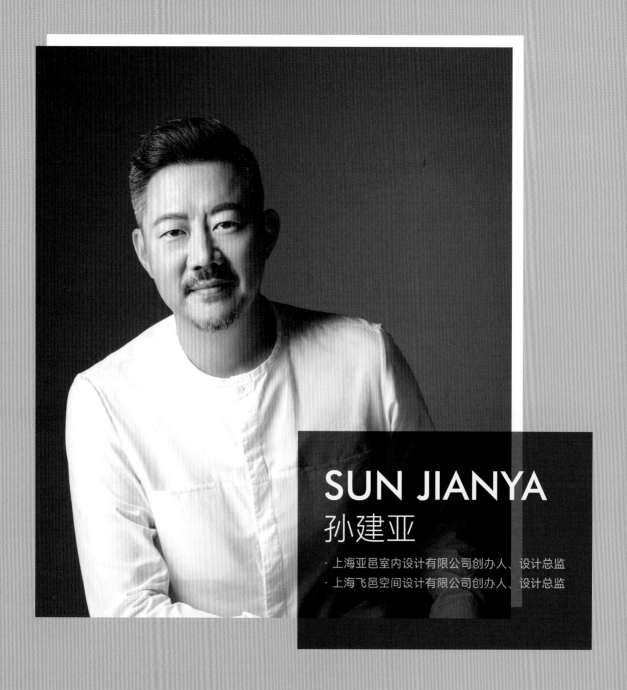

SUN JIANYA
孙建亚

· 上海亚邑室内设计有限公司创办人、设计总监
· 上海飞邑空间设计有限公司创办人、设计总监

PRACTICE AND LEARNING COME TOGETHER IN LIFE THAT MAKES DESIGN
设计是生活的知行合一

在梦想与迷茫的交织中闯荡，是每一代年轻人的必经之路。无数的行业后来者，总是渴望有"过来人"解答心里的困惑，在专业上给予引导，在人生轨迹上给予可参考的"算法"。

孙建亚就可以提供这样的帮助与参考。从毕业于美术学院到投身室内设计，从素人奋斗至设计成功者，他的职业道路、他的多元爱好、他的洒脱随性，都值得年轻设计师细细品味和学习。

三十年的上下求索

当下的年轻设计师无疑是幸福的，因为中国室内设计行业目前已经十分成熟，有很多前人的经验可供他们参考和学习，也有很多市场机会可供他们实践。

相较之下，孙建亚初涉设计时却并没有如此好的际遇。求学时期作为一个美术生的他，甚至都没想到未来会从事这一职业，因为那时候并没有室内设计这一专业，更别提定向培养了。但出众的画画才能最终为其带来一个契机，使他成为中国室内设计探索路上的一员。在那个无所借鉴的年代，作为没有"过来人"解答心中疑惑的一代人，他们所代表的探索一代，身上承担

着双重使命，一边是寻找自己的人生意义，一边是开拓室内设计的未来之路。

人生没有既定的意义，这就为每个个体提供了自主创造意义的可能。他花费大量的时间，一心扑在专业的精进上，在做设计的第八年，尝试创立了自己的设计工作室，开启了在台北与上海两地奔波的旅程。2000年左右，他又成立了上海亚邑室内设计有限公司，开启了办公室、样板房、别墅豪宅、医院、家居住宅等多元空间的设计尝试。

直至今日，他仍然清楚地记得那些重要节点，如设计生涯的缘起、与上海的渊源、那些拐点的抉择等。他目睹了中国人的生活如何从随意到郑重、从浮夸到有品位，以及中国室内设计从空白到兴盛的一路演变。

敏锐地感受时代的脉搏，勇于冒险抓住片刻的机遇，是多数成功者以人生经历教会我们的经验。"年轻人要在毫无牵绊时，尽力一搏。一线城市的设计活力，对每个年轻设计师来说，都能促成其最快地成长"。他有感于每一个年轻人的迷茫，希望自己的那些梦想、阅历和抉择，能够供正在奔向梦想，或者已经奋斗在设计路上的年轻人借鉴。

△ 和光馆（摄影：孙建亚）

▲ 山栖谷隐（摄影：孙建亚、朱海）

"设计源自生活，要为每一个空间营造独有的品位和可以触摸的舒适"，孙建亚始终坚持，为生活创造价值是设计的使命。在他的设计中，你很少能看到符号化的刻意为之，一切皆为空间本身而衍生。真正的设计内容都体现在为生活服务的具象作为中，是切实为生活服务且必不可少的机能，是让生活体验更简便、更惬意的动线，是符合居者或者使用者习惯行为的细节，也可能是甄选更合适的材料，塑造更喜欢的场景等创意的延伸。

极简的设计表达，是贯穿于孙建亚设计生涯的一条主线。他主张的空间设计是纯粹而干净的。他擅长以极简的开阔，尽可能地将视野最大化，尽可能拆掉那些空间内的墙体和隔层，减去多余的元素及颜色，以及非功能性的多余造型。他崇尚自然环保，认为空间应与自然融合，拒绝过度雕琢修饰，以便让空间中的各种材质和肌理成为空间的主要表达语言，形成自然而亲切的氛围。这种纯粹和不炫技，让他的设计充满温度。

这一设计价值的创造，首先是经历生活、懂得生活后的输出，其次是注重生活内容和品质，而非炫技式的表面修饰。这样呈现的设计价值，摒弃了为了造型而去做空间，更倾向于为人的使用而设计空间。他的设计一方面充满着条理性和反思性，另一方面兼具了高度的艺术性。简单而干净的氛围里，极简的艺术，是一种更高级别的考验，但他乐于接受这种考验。引领生活不断进化，才是设计价值的真谛。在他的设计理念里，有一部分责任感来自服务于人的生活，另一部分是要引领提高人的生活品质，去推动艺术在生活里的发展。

站在创作者的一面和站在生活者一面的孙建亚，在恰好的平衡下，进行了完美的思维融合，让设计成为生活的设计。

让作品发声，是设计师乃至所有创作者的实力验证。在无数社会荣誉之外，大众对于作品的共鸣，是为其加冕的另一种途径。在孙建亚三十多年的职业生涯中，中国室内设计呈现

山栖谷隐（摄影：孙建亚、朱海）

出快速发展的趋势。无数种形式的表达和流行趋势不断出现，然后被更替，再形成新的潮流，去覆盖前者。

但是，他始终将极简作为主线，在这一方向下不断去创新形式，去进化自己的设计作品。无论哪种设计风格被热捧，他都有一种置之度外的态度，认真做自己的设计，保持着自己与设计的独有速率。在他看来，设计师不以潮流为评判标准，而是要靠作品说话。所有的舆论和流量，都会随着时间的流逝烟消云散，唯有作品，唯有真正受欢迎的空间是历久弥新的。

作为创始人，他将个人理念也写在了上海亚邑室内设计有限公司的理念里。与其说是运营，他更希望把公司当作一件热爱的事情，不单以利润来论项目。他不负每一次客户所托，兢兢业业，事必躬亲，把握好每一个项目，做好每一个作品，以好的作品反馈，去赢得好的口碑。

这种良性循环，不仅获得了业主的信任和行业的认可，也让他保持着设计上的自如。这一赤诚之心真正出圈，被大众看到，得益于他在《梦想改造家》中的表现。他擅长用现代的手法去唤醒老宅的魅力，苏州平江路老宅、上海富民路老宅等一系列几乎破败至毁灭的老房子，在他的手里涅槃重生，华丽地蜕变为现代居住的空间，而又保留了岁月留下的那些念念不忘。

作为一个珍惜作品、珍视自己专业"羽毛"的设计师，他对自己的作品倾注了全部的心血，每一次设计都以"最佳作品"为目标去努力。即使是那些未完成，甚至是永不会与大众相见的作品，也被孙建亚视若珍宝。他记得设计中的每一个难点、每一个解决的细节，也惋惜那些因种种因素没有以空间的形式在这个世上呈现的遗憾。

一个人的才识固然重要，但赤诚之心更为珍贵，有些输出，虽无以劳绩相回馈，虽不足以论成就，却依旧沉淀为智慧的光芒，暗藏在未来无数个瞬间中。

理想国

梭罗说："有时间充实自己的精神生活，这才是真正的休闲。"理想主义的设计人才有大把时间，为了自己的喜欢义无反顾、勇往直前。孙建亚便是这样的理想主义者，在设计之外，自有专属的理想国。

做纯粹的设计，也保有纯粹的热爱。他喜欢志同道合的链接，与其他十一位华人设计师共同创办了"心 + 设计学社"。这个学社更像是一个室内设计的小小理想国，设立的初衷源自一份社会责任与理想。他们希望能够联合起来，为室内设计这一行业提供更多的交流、共享与合力，以设计之力去助推东方文化。

为了这一理念，在 2016 年的米兰三年展上，他们十二个设计理想者联合设计了一个 3 米 ×3 米的空间装置，并在其中融入东方文化的精髓与形态，使其与各个国家的设计并肩而立。第二年，他们又携名为"行·旅归来"的卯榫创意，再次出战米兰，让世界认识东方，了解中国设计和文化。

他也热爱独处的自在，保持着一份好奇和冒险的激情。他会不定期地"下线"，逃离通信信号的羁绊，只带上对讲机，去出海，去享受阳光和海风，去钓鱼，去无人岛等荒芜（还有点酷炫）的地方，去体验荒野求生的行为艺术。"热爱就要把它极致化"，他笑称只要自己爱上某一样东西，就会走向疯狂，去将之钻研到底。他酷爱收集匠制器物，更深谙茶道，仅日本的古董铁壶，他就收藏了四五十个，各种茶具、碗也在他的收藏之列；他养锦鲤，从兴趣发展到专业化，参加全国锦鲤大赛，屡次获得冠军奖杯；他喜欢玩车，痴迷到自己亲手改装，并参加比赛；他喜欢钓鱼，就去参加全国专业的钓鱼比赛……

做一个永远好奇的开拓者，不断向外探索，然后回到内在的思索，以生活去诠释设计，以设计去反哺生活，这是孙建亚知行合一的设计人生。

SUN LIMING

孙黎明

· 上瑞元筑设计有限公司创始合伙人
· 中国建筑学会专家库成员
· 中国建筑学会室内设计分会理事
· 江南大学设计学院硕士课程指导老师

KEEP UP WITH TIMES AND REMAIN
TRUE TO HEART

拥抱新形势，做初心设计

喜欢《十三邀》的人，大概更钟情于深度思考。越接近于事物的原点，便越具有容纳之姿。从孙黎明言谈中对设计，或设计关联之现象的理解与点评，可见其对世界万千存在从不持轻易否决的态度。他始终在新与旧、当下与未来中寻找一种平衡，探寻与设计世界的最佳相处模式。

野蛮生长

孙黎明的设计人生开始得很特别。最初，他的确对室内设计十分感兴趣，但当时室内设计行业尚处于一片空白，并无路径可循，因此他尝试了很多其他工作，如报纸的文字编辑、平面设计、手绘动画等，但兜兜转转，最后他还是走上了室内设计的道路。

20 世纪 90 年代初，建筑和产品设计的发展模式成为当时室内设计行业的参考路径。稀缺，往往意味着机遇，也让野蛮生长成为可能。大约在 1995 年，孙黎明便开始独立创业。最初，公司只有四五个人，但很快就发展到十几个人，之后仍然保持迅速发展，导致他在短时间内频繁更换办公室。当你的前边没有任何领路人时，在一片空白的版图上，只要努力往前冲，那画下的轨迹便是拓路者的探索。在那种境况下，个体每前进一小步，都是行业前进的一大步。

在毫无借鉴的无畏前行中，拓路者们终将相逢。2000年左右，大概是英雄易相惜，加之理念同频，孙黎明和范日桥两位室内设计的拓路者率先"牵手"合作，组合成更强劲的设计力量。

在几年后的一次欧洲博览会上，再一次因性情相投、理念相合，他们一口气与几个设计师结成"同盟"，迈出了室内设计行业更大的一步。合伙人的机制，从那时候便已经写定，更庆幸的是这一模式经受住了时间的考验。

走着走着，那段燃情的岁月便成就了上瑞元筑设计这一响当当的设计品牌，而当下的上瑞元筑设计有限公司，依旧保持着最初的合伙人机制，由每个合伙人带领各自的团队发展，并兼顾设计外的管理实务，有独立亦有交叉。

除了孙黎明带领的无锡团队，上瑞元筑设计有限公司在上海和苏州也分设了设计机构，服务范围触及长三角，乃至全国，设计涉及类型丰富的空间探索与实践。

▲ 重庆麻神辣将（摄影：陈铭）

▲ 重庆麻神辣将（摄影：陈铭）

"没有人能随随便便成功"从不是一句被时代抛弃的"老话"。孙黎明的成功，一面来自精进自我的内驱力，一面来自对时代发展的清晰认知和积极态度。二者交叉并行，共同作用于他设计事业的进化。

在后来人看来，那一代设计师走过的道路，大多已成为传奇的故事。但只有亲耳聆听当事人的讲述，你才能确切感受到那一段段真实的人生经历，感受到他们不畏艰难的拼搏和无悔的坚持。

在众多往事中，随行中国设计师团队到欧洲参加博览会的所历所为，足见孙黎明对设计学习的渴求。"当时谁先走出去，谁就获得了世界前沿的第一手资讯。"也许是意识到了这种紧迫感，他在那次游历中简直不停不歇，甚至利用所有自由活动时间，自己研究路线去参观拜访，十天拍了一万三千多张照片，生怕落下了任何一个视线应该到达的地方。

这样执着的进取精神贯穿了孙黎明的整个设计生涯。他一直在跟时代赛跑，不断精进专业，调整公司的设计策略。在2010年之前，他的公司接到的项目都是1000平方米以上的项目。但购物广场的崛起带来了新的风口，小型品牌和连锁餐饮设计，成为孙黎明和团队设计的转型方向。

从最初的行业开拓，到设计系统化，再到专业方向精细化，他对设计的思考，已经不再局限于设计理念或表达手法。针对星伦多自助餐厅等一系列餐饮空间的设计，他开始运用数据化分析的手段，去探讨餐饮空间设计精细化、规范化及运营化的问题，通过全流程参与，让设计为空间赋力。

了解越多，越发现孙黎明与时俱进的创新精神。他让自己不断地接近"新新世界"，去感受当下年轻人的爱与恶。对当下热门的网络游戏、年轻人的生活方式、"网红世界"的流量等一系列现象，他都有着了解后的客观洞见。

随势而变，拥抱新变化早已写在了他的基因里，无论时光如何变迁，这种不变可应对万变。

eat Toronto buffet
what else can you eat?

▲ 星伦多海鲜自助餐厅（虹桥龙湖天街店）（摄影：鲁哈哈）

设计是一种责任

孙黎明身上的各个标签各自独立又相互交叉，而责任感无疑是交叉的核心。"设计是一种责任"，这样的意识显露在我们对话的每个话题里。

他是设计者，是公司和团队的管理者，也是合伙人的好搭档，对于设计行业的后辈来说，他又有着领路人的角色……这一切角色都是因责任感而存在的。他坦言，他们这一代设计师，即使在外人看来已成就不凡，但依然有着他们的"不确定"。

行至今日的新设计时代，除了积淀，未来能为年轻设计者带来哪些新思路？未来设计往哪个方向走才是正确路线？不同层面的"领路者"的使命，让他不允许自己"不负责任"。他以从不停歇的个人设计进阶，以及迅速拥抱新时代的格局，去为这些问题寻找答案。这本身就是令人敬仰的情怀。

作为一个设计服务者，无论传统空间形式，还是深受年轻人追捧的"网红"空间形式，在他看来，皆是为了使商业模式与终端空间契合，从而帮助客户解决问题，赋力商业价值。他将对委托者当下及未来发展的责任使命，皆付诸设计行为中。

引入数据化分析手段，研究品牌策划的秘籍，深挖受众群体的行为模式、社会现状、潮流热点。这一切站在设计师角度去做的事情，都是在完成从设计服务者到引导者的意识转变。以比肩客户的认知，甚至是以经营者的视角来做设计，才能够助力营销，实现商业体的可持续发展。这是孙黎明对自己、对公司输出的设计的要求。

作为一个满身荣誉的设计大成者，孙黎明始终以开放的心态去接纳时代的新变化，去拥抱新的价值观和流行趋势，令过往所历与年轻世界两个体系完美兼容。他始终站在时代的前沿，保持快速前进，却又不忘出发时的初心。

▲ 时尚造型（摄影：潘宇峰）

SUN SHAOCHUAN
孙少川

· 厦门嘉和长城装饰工程有限公司董事长、设计总监
· 美国 KAHOO 酒店设计有限公司董事长、设计总监
· 云相组（上海）建筑设计有限公司合伙人

DESIGN, APPROPRIATENESS IS GREATER
THAN BEAUTY

设计，对大于美

"科学的""人性化""看不见的"……孙少川的设计作品常常被贴上各种标签。作为"对大于美"设计理念的倡导者，他以科学而理性的方式将设计做到极致，并以独特的标签——"缝"，在设计圈形成独一无二的风格。

迄今为止，孙少川已经走过了二十多年的设计之路，室内设计代表作品涵盖酒店、商业、办公、住宅等多个领域，同时他还涉足家具设计领域，致力于设计与开发集实用、人性关怀与人文内涵于一体的家具产品。

热爱催生动力

我们在面对自己喜爱的事物时，总是充满热情，即使需要花费很多时间和精力，也会不遗余力地去钻研，因为在这个过程中我们体会到的快乐，远远超过这件事本身的价值。

孙少川 32 岁才开始学设计，从最早的室内装饰到如今的空间设计，从小小的绘图员到设计师，每一次进步都是因为对设计的热爱与坚持。

"不管做哪一行，你都需要有钻研的热情，而不只是

了解表面的东西。"孙少川认为，热爱思考和深度钻研，是做好设计的两个必备条件。不论前期对细节的规划，还是后期落地实施对全局的把控，把设计做到极致，随着环境、技术的变化不断地思考，创造出能真正为人服务的产品和空间，才不枉自己的一腔热血。

他爱设计，常年的坚持也使他明白了设计中的变与不变：当找到对的设计时，设计师就可以坚持设计中的不变，好比在贝聿铭的建筑作品中，光、自然、几何、桥、圆等元素会不断出现；而设计中的变，是指设计应随着时代变化、社会的进步、人们生活方式的变化而改变，它是与时俱进的。

看不见的设计

世人都爱好美的事物，但我们常常因过分关注外在表现，而忽略事物的内在本质。只关注表象的设计是不对的，那些视觉之外的设计，才是孙少川研究的兴趣所在。"在我设计的空间里，你呼吸到的每一口空气都是新鲜的。"

孙少川以"对大于美"为核心设计理念，将"缝"作为他的代表性标志，致力于通过设计改善人们的生

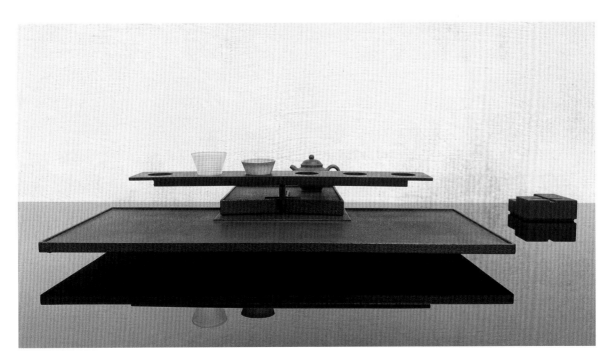

▲ 孙少川产品设计"关系"茶盘（摄影：刘腾飞）

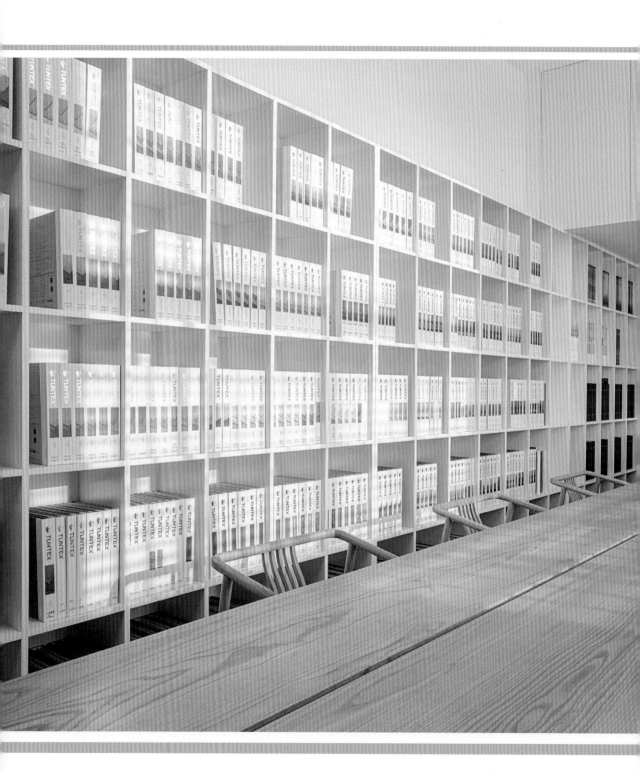

▲ 厦门长屋空间（摄影：刘腾飞）

活。他的作品从概念构思到最终落成都在追求设计的实用性。他一直秉持以人为本的思想，为用户提供技术领先、经济、实用、可靠的设计空间和产品。他认为好看的设计并不等于对的设计，对的设计应该是健康、多功能、低成本、低碳、低维护的，是能提高生活和工作效率的，当然也是不能缺失美感的。

从研究材料的环保特性，到设计环保空间，孙少川一直在用行动实践着他的理念——"舒适比造型更重要"。为健康和舒适去做的设计，才是人们真正需要的设计。

设计并非一种纯粹客观的行为，它不仅是理性与感性的结合，也是理论与实践的结合。设计不仅要专注产品或空间本身，还要给人"对"的体验。有温度的设计才能带给人美好的感受。

▲ 厦门国腾舒适家展厅（摄影：刘腾飞）

变与不变的设计

近年来，随着中国综合国力及文化自信的提升，国内的设计风格由原来遍地的欧式、美式等开始转变为新中式风格。新东方式设计正在走上历史舞台。

随着国内设计行业的飞速发展，把设计当作生意来经营成了一种常态。这不能说是一种坏事，但是很多时候，设计师充当的是流水线上作业人员的角色，这不是设计行业良性发展的选择。设计不应只是一种职业，更是"人生志业"。设计师多静下来去思考什么是好的设计，这样才能创作出好的作品。

孙少川认为设计既是一种自然科学，也是一种社会科学。他的所有作品都在展现着这种科学性。"我会不断努力，为中国室内设计在科学性方面的发展，贡献自己的一点点力量，直到我不能工作为止。"孙少川这番发自肺腑的话语中，充满了他对自己、自己的作品，以及对中国室内设计行业的坚持与向往。

除了做室内设计，孙少川还会做家具等产品设计。在孙少川看来，设计应该是无边界的。只要有兴趣，他都会尝试。设计为内与生活为外，两者之间是相互促进的，只有丰富生活的体验，才能做出好的设计。他说："我们既是设计者，也是生活的体验者。"

▲ 厦门国腾舒适家展厅（摄影：刘腾飞）

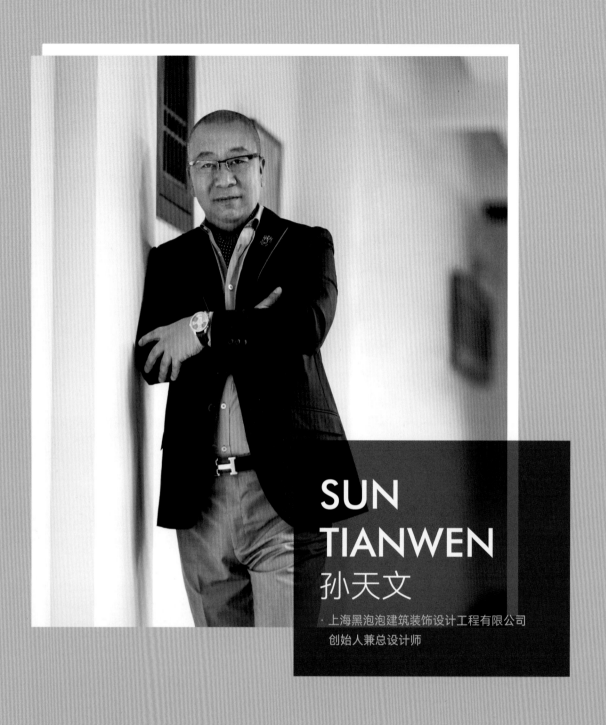

SUN
TIANWEN

孙天文

· 上海黑泡泡建筑装饰设计工程有限公司
创始人兼总设计师

FROM THE POETIC EXPRESSION OF DESIGN
TO DIVERSIFICATION STRATEGY
从设计的诗意表达到多元化战略

我们崇拜大师，是因为他们用自己的眼睛去看世界，在别人眼里司空见惯的东西，在他们眼里却能引发新的灵感，带来新的表现形式。我们敬仰大师，是因为他们探索了那些无人走过的路，那些路曾经也许险境密布，也许荒凉贫瘠，但当他们的脚步踏过，它们变得平坦宽阔、鲜花丛生。

在经历过无数个项目后，孙天文凭借雪月花日本料理餐厅的设计开始享誉世界，但其实此前他就已经拥有很多成就。他是上海黑泡泡建筑装饰设计工程有限公司总设计师，是 2010 年上海世博会上海馆的总设计师，是多个大学特邀的客座教授，提出了设计的五种环境，将设计与心理学做了巧妙的融合。

"知识的诅咒"

正如任何事情都无法孤立存在，我们无法确定一个人转变或成功是发生于哪个瞬间，但我们可以确定的是一件又一件设计作品的不断磨炼、一项又一项创意背后的执着探索，终将带领人到达成功的彼岸。从单一化到多元化发展，是孙天文的设计之路。油画专业出身的他，因经历过纯艺术的训练，在艺术修养、创意、造型能力及色彩能力上具有扎实的基础功底。但是，设计做得越多，他就越发觉得，这种看似是优势的基础，这种对某种专业的深度学习经历，如果没有广阔的视野去配合，很容易导致"知识的诅咒"。思考比

专业本身更重要，这是决定同一行业不同人走向的根本。这种清醒的认知让他能够一直保持警惕，避免自己走入"局限性"的误区。他有意识地拓展自己的视野和知识面，保持思考的深度和广度，最终形成了自己独有的设计语言和体系。

在孙天文看来，拓宽自己的知识面并不难，难的是能否把那些原本毫不相干的知识领域串联起来，融会贯通成一个完整的知识体系。一旦达到这种层级，知识面越广，思维模型就越多元，可使用的工具也就越多，自然而然就能避过所谓的"锤子综合征"，打破"知识的诅咒"。

让设计与人、物、事建立更多元化的思考和连接

2010 年上海世博会上海馆，可以说是孙天文设计路上一次质变的证明。孙天文坦言，接到这个项目的时候感觉难度还是非常大的。通常室内设计能够接触到的专业不过是结构、暖通、电气、消防、智能化等，这些基本都属于专业范畴内的工作。但上海馆项目对专业综合能力及专业外的统筹能力要求非常高，其中很多问题是他从来没有遇到过的。这就意味着学习能力和协调能力是重中之重。多年来积累的专业知识和修炼的思维模式，成了他最有效的武器。孙天文不但承受住了这个项目的考验，还玩出了很多创新。在设计中，他不仅运用了电影拍摄技法，还使用了大量的

▲ 玑遇 SPA（摄影：张静）

▲ 玑遇 SPA（摄影：张静）

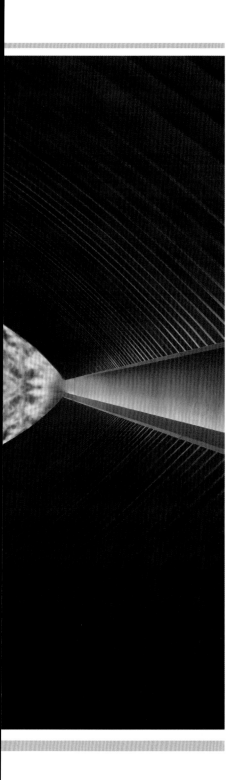

机械来制造动感，丰富设计。大量使用机械让设计变得更复杂，挑战也变得更复杂，而这样的成功也成为他职业生涯中至关重要的一笔。

真正让他在世界范围内声名鹊起的是雪月花日本料理餐厅的设计。该项目到目前为止已经获得了十三个国际大奖，在明星云集的世界舞台上为中国设计师赢得了一席之地。在雪月花项目空间的策划及设计中，他突破了空间结构、审美逻辑等基础知识层面，在进行大量的研究和实验后，成功运用了商业策划、营销学、经济学、行为心理学、灯光照明等跨专业、跨领域的知识。而项目的成功，也证明了他所思考的问题的正确性，更加坚定了他对未来设计道路的方向。从设计出发，以设计为底层逻辑，让它与人、物、事建立了更多元化的连接——设计之于他不再是空间形态的呈现，而上升为一种在精神层面上与这个世界的对话。这就是他所说的，以物质的材质形态去搭建精神世界，以设计的创意去营造梦想的世界。

东方浪漫

把建筑与空间作为一种诗意的想象，用最少的语言来表达最丰富的内涵，是他的设计价值观。他以创新的形式，不断挖掘生活中那些本该存在却被忽略的诗意。相比现实的烦扰、禁锢与深刻，梦幻的世界最是率真、自由、热情。在设计之前，他经常问自己："真的还需要再多一次亦步亦趋的体验吗？在本已趋同的世界中，我们还要继续迁就那些先入为主的观念吗？我们不应该延伸一下设计领域，挑战一下那些理所当然的准则吗？"在这样一次次反问与思考中，他不断用创新的作品给出回答。

大胆的留白、纯熟的光影，以及极简的手法为他的空间注入禅意与诗意，不但颠覆了人们心中对空间表达的固有印象，也在灯光、色彩等专业上开辟了先河。置身于孙天文设计的空间，就像阅读一首简练到极致的诗歌，含蓄、朦胧，充满了关于浪漫的想象。简洁有力是外在功底，灵动梦幻是精神内核。他说，摆脱一切不必要的设计语言，把内容压缩至极限，才可能产生情感共鸣。

在 20 世纪 90 年代，孙天文就开始尝试极少主义。相对于在

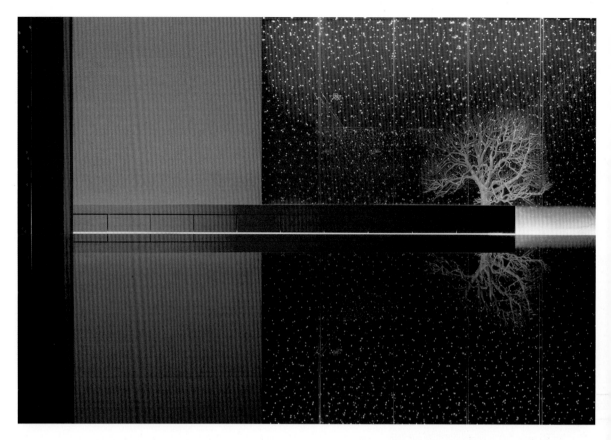

▲ 雪月花日本料理餐厅（摄影：张静）

▲ 雪月花日本料理餐厅（摄影：张静）

一个空间里使用一百种材料而不乱的空间掌控能力，他更醉心于修炼在一个空间里只使用一种材料创造无穷意境的能力。这与东方文化中的"留白"与"意境无穷"不谋而合。东方浪漫的本质是不确定性，而浪漫的精髓就在于它充满种种可能性。表达这种言有尽而意无穷的东方精神，最简单的方法就是弱化色彩、弱化造型、弱化材料，只有把物质层面降到最低，精神层面才能跳脱出来。因此，他主张把材质层面弱化到最低，以意境入空间，以诗意造梦。但是很多人在创意之前，已经用自我否定扼杀了创意。他说："永远不要低估甲方或者普通消费者的审美，永远不要磨灭心中燃烧的诗意，这是一个设计师对这个世界最纯粹的回应。"

角色的转换与设计的思考

随着孙天文在设计造诣上的不断晋级，他也完成了从设计者到启蒙者的角色转换。除了设计师的身份之外，他还被多所大学特聘为导师和客座教授，将他开阔的思维模式、原创的精神、对艺术的理解、对空间营造的心得，以及对设计心理学、商业运营体系的应用分享给那些年轻的设计力量。同时，孙天文近年也开启了对室内设计心理学的研究。他总是强调"传达什么"比"这是什么"要重要，设计师应该通过环境设计去影响人的行为。而这样的成果，需要对行为心理的宏观和微观层面具有双向认知。相对来说，室内设计心理学在室内设计领域和心理学领域都是空白的，是两大知识体系中的边缘灰色地带。但这个看起来与设计技能无关的知识领域，对空间设计却有相当重要的价值。

针对设计的未来，孙天文曾说了这样一段话：地域文化的形成是落后带来的必然结果，印刷成本过高导致信息不畅，旅行成本过高导致"一脉相承"，运输成本过高导致就地取材，因此才会出现地域特征，而科学技术的进步使世界注定趋同。现在，新加坡跟上海有什么不同？这就是技术进步带来的趋同，未来不可能出现周庄古镇跟巴黎这样两个物种般的差别了。但是，我们旅行的目的是什么？如果巴黎、纽约、伦敦跟上海一模一样，我们还有旅行的欲望吗？吸引我们去旅行的是它们跟我们之间的不同。所以，未来我们的设计不论多么个性鲜明，在信息时代的今天，很快就会被趋同。我不知道未来的世界趋同之后又会出现什么样的新的设计风格，但我相信，个性化的设计在未来一定会大行其道并大放异彩。这个繁星璀璨的时代，喧嚣者有之，富贵者有之，闪耀者有之，但是静心沉思、俯身于某个领域的坚守者和精研于广阔视野的开拓者，看上去更加难能可贵。

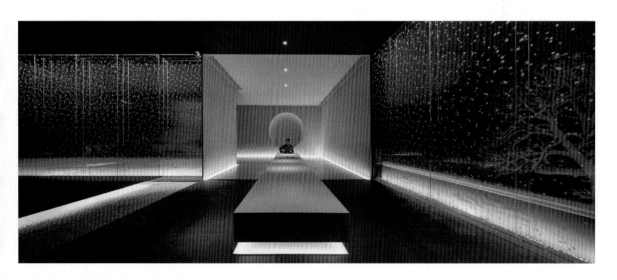

▲ 雪月花日本料理餐厅（摄影：张静）

SUN YUN
孙云

· 内建筑设计事务所合伙人、设计总监
· cornerstone 服装品牌创办人

TRANSBOUNDARY IS A CONTINUATION
RATHER THAN A SUBVERSION
跨界，不是颠覆，而是延续

我们总喜欢听那些成功者的故事，因为他们那些闻名于世的作品、那些语出深意的言论，都代表着一种榜样或信仰。但比故事本身更加丰富立体的是他们的人格魅力与精神哲思。

对于很多年轻设计师来说，孙云不只是偶像。他撒下的那些情怀的种子，在我们的心中萌芽。他展示的那些信仰的力量，让我们知道，人生纷乱，总有一些诗意在发声，且得到回响。

跨界与无界

跨界是孙云一直以来的人生命题。在过去的二十多年里，他一直不忘尝试和探索新的领域，让自己在各种身份中自由转换。

从舞美设计转行做室内设计，是孙云的第一次跨界。大学毕业后，他开始从事舞美设计并且表现可谓惊艳，按照常规的"剧本设定"，他可能会继续深耕这一领域，因为俗话说得好，"好的开始等于成功的一半"。但一次偶然的机会体验过室内设计后，孙云便痴迷上了这一新的领域，如同找到了志同道合的朋友，一处便是

二十几年。在上海戏剧学院的几年专业学习，给予了他戏剧、电影、舞台、空间等多方面的开阔的视野，更赋予了他用艺术讲故事的能力。后来，他的那些对建筑和室内设计的多元表达形式、那些对空间节奏的把握能力、那些充满了情绪和故事的空间张力，多半得益于此。这样的才华基础，让他在转行后依旧得心应手。

专业上的跨界看似是一个分水岭，其实更是融会贯通，这让他对跨界有了更深刻的认知。他与沈雷联合创办的内建筑设计事务所，拒绝界定建筑与空间关系的边界，以建筑内部为起点开展设计，却又不完全局限于建筑内部。建筑与空间互为延伸，这准确地表达出了他对建筑与室内设计关系的看法，也表明了在他多元探索的道路上，"界"并没有写入他的字典。好奇心的不停驱使，注定使孙云不可能只满足于室内设计带来的成就感。因此，他又钻研了木作工艺和家具设计，并且呈现出同样颇受好评的灵感创意。

2012 年是个更加有意思的转折点，孙云将设计的触角伸向了服装设计，并尝试创办了 HYSSOP 女装品牌，而其后创办的 cornerstone 男装品牌则是对这

▲ 隐居武康路（图片由内建筑设计事务所提供）

▲ 南京奇点书集（图片由内建筑设计事务所提供）

一领域设计的深耕。"我们用建筑设计的思考方式制作衣服，如果有人体验过我们的衣服，就会了解到我们的服装设计也是基于结构的概念，让人的身体在新的空间里产生新的体验。我一直觉得服装和建筑没有绝对的区别。"他在不同场合提到过服装设计的特殊性，以及它与建筑设计、空间设计的共融性。

跨界不是对已有的颠覆，而是延续，这是他的共融与加法逻辑。按照这样的思路，我们似乎更容易顺理成章地联想到他对"跨界和无界"的理解。设计及一切表现手法，更像是一种外在的形式，这是常人所说的"界"。而那些跨越了形式的诗意、节奏感、旋律感、神秘感和不可知性，则是他对生命、对美、对认知的无界表达。

匠人精神与国际视角

关于孙云在跨界上的成功，其实人们在很多地方都曾听说或者看到。所以比起人们所熟知的故事，也许有一个点更值得我们去关注：在他每一次新尝试的背后，实现成功飞跃的关键点是什么？虽然个体的发展史并不能完全揭示某一类群体发展的规律，但是这些实例本身还是能够提供一些可借鉴的思考方式。一旦这些思考方式形成了惯性，在我们自己需要做决策的时候，它就会自然而然地跳出来帮助我们。

这是在某个领域的成功者的故事，能够带给我们更有分量的思考，也恰恰是我们在关注成功者故事的时候，很容易忽略的本质。如果要从孙云的诸多次人生转折点上找出一个共同点，那可能就是他一直坚守的初心和匠人精神。我们了解到，不管在哪一个人生阶段，不论尝试哪一个领域的设计，他从未远离对情感表达的初心，以及专业表达的匠心。"室内设计只是我的职业，我对设计的各个领域，像产品设计、家具设计、建筑和室内设计、服装设计等都非常感兴趣。设计其实谈不上'跨界'，因为这些领域本来就是互通的，唯一的限定是技术层面的，并非设计本身，而技术层面是最容易突破的。"这是孙云在接受媒体采访时说过最多的一段话。

在他看来，设计的技术和手法其实本来也只是工具，真正的专业是匠人精神，是你要为设计注入什么样的思想和灵魂。

▲ 南京奇点书集（图片由内建筑设计事务所提供）

有时候，他会让我们觉得他像一个偏执的匠人。

他钟情并着迷于榫卯工艺的古老、美丽，会自己亲手做木工活，公司里也一直都有纯手工匠人。于设计上，他精心雕刻，慢慢打磨，不断创作出令人惊艳的好作品。在宴西湖项目的设计中，为了营造一种西湖的真实情境感，他邀请杭州著名的摄影师潘杰，花费三年拍摄西湖每时每刻的变化，再以数字影像的方式呈现。如今，宴西湖甚至已经成为杭州必打卡的旅游景点之一，也是杭州最难预约的餐厅之一——每张桌子一天只接待一拨客人，提前一个月预订也未必能有座位。这是一次大胆的尝试，也是一种固执的坚守。

内建筑设计事务所的团队规模永远不超过 50 个人，这是孙云和沈雷一直以来的共识。对于每一个项目作品的出品，他们都是非常放心的，只在关键节点把关一下，因为他们坚信，用专业的人做专业的事是可靠的。匠人精神已经成为他们公司的企业文化，这样以专业为凝聚力的无管理式管理，让内建筑几乎从未有人员流动，并且一半以上的人员都已经成为公司的合伙人。对于甲方的选择，甲方的专业度是他们选择设计合作项目的第一要素。在孙云看来，不专业的甲方会耗尽你的精力，也会影响设计的最终表达，他不能容忍对专业的丝毫亵渎。而在表达语言上，孙云更加倾向于"国际化"的平衡。有时候，我们会震撼于他视角中的时尚性与前卫性，例如，HYSSOP 和 cornerstone 服装品牌中国际视角的融合与生发。

身处在本土文化的语境之中，他在不断探索开放的视野与文化带来的设计新理念。在服装品牌的运作中，他启用国际化顾问团队，将产品在全球范围内推广运营，通过国际时装周、国际买手店、国际化媒体公关等一系列活动，打开了品牌的影响力，同时也拓展了品牌的国际视野。这也是一种破界，让设计的文化脉络进入一个新格局。

行吟诗人与浪漫哲人

设计的实践在证明自身专业的意义之外，其实本身便是一种体验。安德烈·纪德在《人间食粮》（Les Nourritures Terrestres）中说："我的爱消耗在许多美妙的事物上，我不断为之燃烧，那些事物才光彩夺目……我在这世上只要一见到柔美的东西，就想倾注全部温情去抚摸。"这样的浓情诗意，是对孙云个性最恰当的表达。

除去那些闪亮的光环，孙云身上最大的特点是"诗意"。作为一个公司的创始人，在商业的主流属性下谱写出诗意，是需要勇气的。在设计中，他喜欢高调表达这种诗意。他强调做设计首先不能丢掉的就是最初的感动，那一刹那迸发出的情感就是灵感的最佳来源。

诗存于心中，诗便现于空间。在生活中，他也毫不掩饰这种诗意的自然抒发。孙云最大的爱好就是旅行。他兴奋于自然中所有原始的美丽，感恩于一切自然的馈赠。他会因一颗种子在火灾之后的萌芽而激动落泪，并以自己的设计表达这种生命中的绚烂。他精心呵护那些最初的感动，构建出自己独有的设计文化。

由诗意衍生出的另一种浪漫是使命感。他不断追问：我是谁？我为什么在这儿？我要到哪里去？在常人看来空洞无比的哲学，成为他指导自己行动的核心方法。他认为这是一个高级命题而非玩笑之谈。正是这样的哲思指引着他走向自己的使命。无论舞美设计、建筑与空间设计，还是家具设计，乃至服装设计，他都不是为了商业而做，而是为了体验生命中一切原始而自然的感动。你是谁，你更看重什么，决定了你会去做什么，以什么样的姿态去做，这样纯粹的价值观，是孙云在设计之外带给我们最重磅的启发。

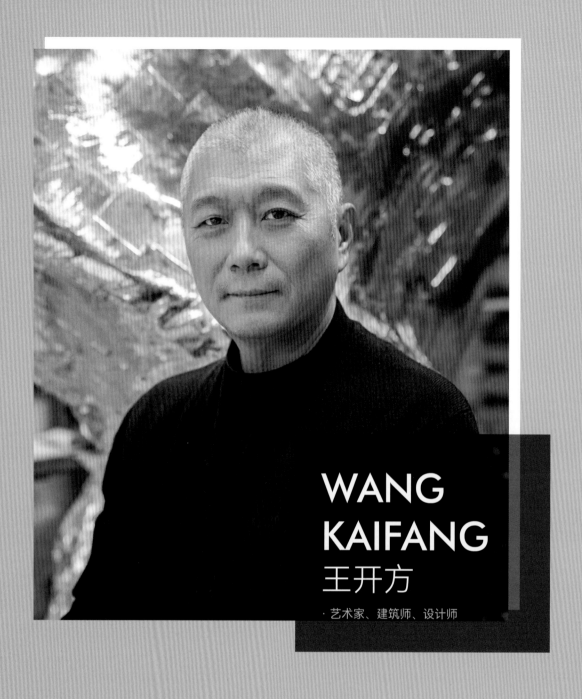

WANG KAIFANG
王开方

· 艺术家、建筑师、设计师

YOU CAN'T CROSS THE BOUNDARY WHEN
YOU HAVE NO BOUNDARY IN MIND
心中无界，何从跨界

在很多人眼中，王开方是一个全才，因为他涉猎的领域实在太广泛了，包括建筑、室内、规划、园林、雕塑、装置、影像、书法、油画、家具、服装、平面、产品等。但他自己并不这么认为，他觉得那只是对学无止境的一种孜孜不倦的追求。

他对跨界的定义，更倾向于无界。正如他所说的："心中无界，何从跨界？鸟儿从天空飞过，空中没有界线。"在这样的表达里，我们看到的是一个对自由行走和随性思考极度推崇的王开方。对于设计和艺术，他拥有着异乎寻常的热情和感悟力。在他看来，每一次创作都如同一场恋爱，每一次他都会用上全心全力表达发自内心深处的喜欢和爱。

自由行走．随性思考

一条河流的伟大，在于它能坚定地流向正确的方向，同时又能十分公允地接纳任何一条奔它而来的支流，精神上的伟大也是如此。一直以来，王开方坚定地秉持初心，自由行走，随性思考，走出了一条独特、丰富的人生道路。

他说："如果你想去做一件事，只要你觉得是发自本心并且已经想好了，那就去做。剩下的一切都是技术层面的问题，都可以解决。"笃定的特立独行，早已

写在他的天性里。在大家只知道学习的年纪里，他却懂得要在学习之余尽可能地丰富自己，并抓住一切机会进行创作。大学毕业前，他几乎已经走遍了全中国，还办了全校首个个人旅游摄影展，引起了不小的轰动。尽管因为一些原因摄影展没几天就撤展了，但对他来说，那依然是对生活热情的一次尽情释放。他清楚地认识到，人生总是存在各种意外，但挫折更能让人们认清自己的本心，坚定自己的执着，挫折也是增进学识和修炼意志的必经之路。

特立独行是一种笃定、一种不随大流的主见，这恰恰是催生独创性的最底层逻辑。后来的事实证明，特立独行不是他的一时兴起，迄今为止，在他的人生经历中，曾多次将这种果敢的理念付诸实践，例如，在那样的年代，放弃中建（中国建筑有限公司）的铁饭碗下海创业。"为什么放弃铁饭碗？不觉得可惜吗？"他曾多次被问到这两个问题。"海比碗辽阔，有远方。"他的回答率真而巧妙。这也是他对那次自由出走最清晰而理性的解释。

人生就是不断选择的累积，当你选择了一条与众不同的路，那就意味着你要遭受很多异样的待遇，但同时也将通往出众的结局。永远保持自我，永远特立独行，这些已经写在基因里的"代码"，让王开方在思考及创作上更加具有实验性、开放性、探索性和当代性。

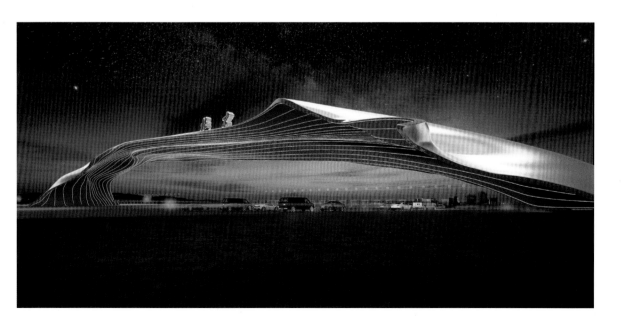

▲ "一带一路"国门（图片由王开方工作室提供）

▲ 一团和气（摄影：李嘉）

他以跨学科的创作及理念传播来推进当代文明的发展。同时，书写在人类共同基因里的人文关怀，让他的那些看似前卫的创作，获得了更大程度的共鸣。

王开方的当代艺术作品曾连续被中国"神舟八号""神舟九号""神舟十号"载人航天飞船带入太空。"神舟八号"搭载的王开方作品，更是实现了中国当代艺术品的首次太空之旅。此外，他的艺术作品屡次获得国内外建筑、设计、艺术界大奖，还被国内多家美术馆、艺术机构及私人收藏家收藏。世事就是如此奇妙，每一次别人诧异眼光中的独行，都让他看见了他们眼神中的惊艳造就的力量。如今，功成名就后，他正用另一种方式去唤醒更多年轻人内心的创作梦想。

设计之法，天地造化

王开方的作品中藏着艺术和道法。"设计之法理是万物造化之真理"，外人看来的玄之又玄，却被他以具象的创作形式展现出来，并释放出一种可感知却往往难以名状的能量场。这一切和他在创作上的思考形式和强烈的个人风格分不开。但是，他不认同别人提到的玄之又玄，设计之法理应与天地造化之真理相同。设计的问题、社会的问题、文明的问题，都出在对这个法理理解的偏差上，需要我们继续探寻和思考。

近年来，他喜欢以"金"为创作元素。在他看来，金不是材料，而是承载着温暖和智慧的超级能量体。它象征着光明真理，有一种神圣的感召力。它特别神奇地参与了人类所有文明的起源和发展，如中国、玛雅、埃及、印度，金在推动和整合着文明的发展。他运用一系列新技术在这一古老文明的经典元素上去自由表达。每一次创作，金都被赋予不同的主题，成为感知和表达天地智慧和自我锤炼的过程。

他希望借助金的表现形式，创造出温暖磅礴的能量场，让观看者在其间徘徊穿行时，可共享喜悦，感悟哲思，也可体会互递温暖的力量。他坚信，每一个人不同的解读，又能为作品注入新的力量。他创作的金系列作品中藏着大格局，可表达维持世界和谐运转的"大爱"主题。他认为，创作不仅是艺术、设计、科技、哲学等多学科的跨界结合，更是国际合作、技术交流、文化借鉴、信仰共融的团结联合，应体现关爱、包容的进步精神。

▲ 非常自由女神（摄影：李嘉）

▲ 圆融金风（图片由 UAP 上海公司提供）

艺术本身应是介入社会的一种富有生命力的方式，艺术和设计、科学和哲学都是人类的感知过程，跨界整合是必然趋势。艺术作品应向更有生命感的方向发展，担当起促进社会发展和团结进步的使命。包括艺术在内的任何文明创造都应是公共的，就像宇宙万物，公共性是共同属性。同时，艺术不是单一、单向的，是综合、联合的，是美学、科学、哲学三位一体的。未来公共艺术将更具生命属性。

王开方将这样的思索延伸到设计的世界观中，"世界是被设计的，有统一的设计法则。人类也是被设计的，并被赋予了使命"。他开始从人类进化的角度看设计的发展，并出版了《物种起源设计论》，来探讨进化论、神造论背后的宇宙本质。本质上，这是一次格局更宏大的设计思考，探讨一种超越生命本身的、在宇宙智慧中的创作法则。

王开方一直在强调，这种来自宇宙智慧的设计是遵循着一定的规律与逻辑的。在当下，即使我们还无法给这样的设计理论下一个准确的定义，至少他在思考的无边界上，为我们打开了另一扇门。

逆流而上，遇山开路

世界的发展，总是靠大多数人的顺流而下与少部分人的逆流而上推动的。甘心做一个逆流而上的人，让王开方始终保持着对创作的空杯心态。从不畏惧艰难，以困难来磨炼意志，是他对自我的修炼，也是他给予年轻人的人生建议。

他不喜欢沉湎于过去，只执着于探讨未来的开始。"设计不是文化，设计是进化。文化是进化的脚印。"他始终保有这样的理念，并为之做先锋者，遇山开路，逢水搭桥。他大胆催促设计师们不要停留在谈论文化的阶段，要去探讨设计的进化使命，不要沾沾自喜地固守着对现有文化的热爱与膜拜。他认为，从文化中汲取营养，摆脱束缚，向远看，向前走，才是文化给予我们的最大意义。

他经常反思：什么才是我们的生命所需要承担的那份责任？什么是创作的灵感？他认为，有益的灵感应该是充满善意的、有远见的、负责任的，而不是只追求效益的、短视的、自我的。设计与生活息息相关，更要遵循进化的正确方向。"创意"不应以"创异"为主流，而应以"创益"为目标。

他从不限于当下。他希望自己的探索能够为后来者铺就一条可以借鉴的道路。这样的先行虽有些寂寞难懂，但他依然愿意努力以谦卑的大智慧去普化。他坚信，设计从根本出发，设计的不仅是项目，更是人类的世界观、价值观、人生观。

《物种起源设计论》的思想体系抽象又庞大，让很多设计师看不懂。他不断反思，觉得是自己的理论还不够清晰、明确。他也不断精进，希望新作《新文明时代》从物种起源到时代进步能有更贴切的阐述，可以真正地指导设计实践。

这也是王开方在自我精进的基础上最希望完成的使命：用思考激发创意者们，甚至是大众对这个世界的好奇与渴望，从而让创意推动世界的进化。

WANG XIANGSU

王湘苏

· 湖南省湘苏建筑室内设计事务所
创始人、设计总监
· 湖南艺筑装饰集团创始人

INSPIRATION APPEARS BETWEEN THE VIGOR AND SUPPLENESS

刚与柔之间，灵气乍现

被誉为"湖湘设计第一人"、设计湘军领军人物的王湘苏，有着一套独到的设计观与方法论。如果说把美融入空间是对设计师的基本要求，王湘苏则做到了将自然的灵气赋予空间，同时用诗意的方式描摹空间。

刚与柔

"刚柔张弛，均匀相会。"这是王湘苏独树一帜的设计理念。因此，他的作品总是兼具江南文化的灵动秀美与湖湘文化的粗放果敢，呈现出刚柔并济的自然力量。

出生于江苏镇江，受江南文化熏染二十多年后，王湘苏回到祖籍地湖南。正是这样独特的经历，造就了他性格的矛盾性：既有江南雅士的诗情韵致，又有湖湘人的果敢勇毅，或许这种矛盾与生俱来，从他的名字"湘苏"就可见一斑。当王湘苏踏入设计圈，这种矛盾性格竟然成了一种优势，在刚与柔之间，成就了他的设计生涯。

从雁过无声到清涧流响，王湘苏三十年如一日，从湖湘传统民居建筑到湖湘独立式住宅设计，把湘派风格研究了个透，并将江南风格的婉约融入其中，中和了湘派风格粗放的棱角，最终广受认可，形成了自己独特的设计理念。对他来说，能够成为知名设计师，或许靠的就是湖南人骨子里的坚毅执着，以及他对设计真挚的热爱。

电视节目《秘密大改造》第三季邀请王湘苏为轮椅上的"美人鱼"肖卓作打造一个自由而舒适的"无障碍之家"，让 38 平方米的小屋变成最美婚房。肖卓作认为，一个人可以走多远，不是因为她的腿，而是她的心。因此，她建立了"美人鱼跑团"，带领"轮友"跑遍十多个城市，完成了四十多场马拉松比赛。

肖卓作性格上的坚毅与女性的柔美，无疑与王湘苏的性格和设计理念完美契合。最终，他的设计呈现了刚柔相济、功能性与艺术性兼具的效果，令肖卓作感到十分惊喜。这个项目为王湘苏带来了设计圈外的大量粉丝，或许这就是"刚与柔"的力量。

灵与美

"我这一生都跟水有缘，有一些灵气。"王湘苏曾这样总结自己的人生。

以"灵气"为姻，以"秀美"为缘，王湘苏空间设计中微妙的性格矛盾得到了完美的平衡。多一分嫌过，少一分无味，只可意会，不可言传。

王湘苏的设计灵感往往来源于传统文化，他认为设计不仅能通过视觉的形式传达，还可以通过听觉、嗅觉和触觉的形式来营造空间感受。他擅长从传统文化中

▲ 古琅轩（摄影：朱超）

▲ 古琅轩（摄影：朱超）

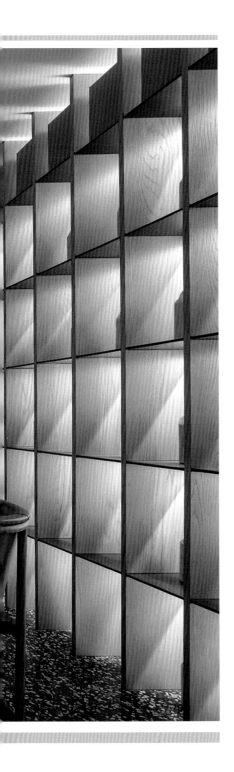

提炼设计元素，并进行分解、重组，将传统与现代融合于同一空间内，塑造出独一无二的灵秀空间。

技术是可以学的，但创意是需要引导和培养的，只有具有创造性的思维，才能在设计的世界里游刃有余。当然还有一个现实问题，就是作品与商业的融入，这并不矛盾，只是设计不脱离实践的正确表达。设计师要做的就是不迷失，坚守住做设计的初心。王湘苏总是这样告诫年轻的设计师们，而他也是这么做的。

通过传统文化表达情感的设计师很多，比如，时下流行的新中式，既抓住了中国人专属的优雅，又通过现代的方式对传统文化进行了解构。这是一种体现了中国经济与文化双重复兴的东方美学。新中式的原理说起来很简单，但要做好却并不容易。

王湘苏认为，首先一定要深刻理解中国传统文化的情怀，并将之融入生活空间。这个过程并不是无逻辑的简单混搭，而是通过意想不到的功能与细节，让空间自然而然地散发灵气，唤醒人们对传统文化的依恋。

诗与远方

"水光山色明月照，物物有序诗景绕。"这是王湘苏一直追寻的诗与远方。

50岁以后，王湘苏把自己的大部分精力都空出来，将视角转向民宿打造，用他的话说，想要换一个活法。他认为，随旅游产业的蓬勃发展，旅游景区的民宿需求成为游客刚需。他希望通过民宿空间设计，促进民宿产业与民宿空间文化的良性循环。作为一个设计师，王湘苏内心深处有着自己的情怀和梦想。他希望通过设计，将建筑、山、水融为一体，为短暂远离尘嚣的旅者打造一处桃花源、一个心灵归处，"想象一种生活，于山水之间觅一处惬意的所在，任它世外纷扰，我自山中安乐"。

对普通人来说，理想的田园是装在心里的。对设计师来说，将主观理想变为客观现实，需要的只是灵感的再创造。

▲ 千思梦（摄影：王钦）

王湘苏选择在张家界做第一个民宿项目，他与几个朋友合伙打造了一处世外桃源般的民宿酒店。他把苏州园林的细腻、秀美文化和湘西土家族文化结合起来，没有过多修饰，在民宿中融入自然生长的"野"味。

该民宿迅速吸引了众多旅客，不少媒体也将视线聚焦过来。王湘苏在知天命的年纪完成了一次华丽转身，他不但为自己和无数旅者打造了一处世外桃源，也用作品诠释了一个设计师对"诗与远方"的执着。

王湘苏的民宿追梦还在继续。未来，或许在你我的身边，也会出现一处王湘苏式的世外桃源。那时，无须惊讶，只要安然静享便好。

言有尽，意无穷。把空间做成一首诗，王湘苏正在用自己的亲身经历诠释着设计师的最高理想。

▲ 千思梦（摄影：王钦）

BEN WU

吴滨

· 策展人
· 著名设计师
· WS 世尊、无间设计创始人

THE FOUNDER OF THE "MODERN ORIENTAL
DESIGN LANGUAGE"
"摩登东方"设计语言的缔造者

吴滨，中国著名设计师、策展人，由其开创并倡导的"摩登东方"设计语言引领中国室内设计十余年，并成为中国室内设计的主流风格。

"摩登东方"是吴滨结合东方美学意识与现代主义设计语言在当下语境中表达东方意境的美学体系。"摩登东方"的灵魂，是人与自然的关系，是在空间中加入时间性，是将艺术融入生活并进行再创作，传统与现代、外在与内涵、形制与意境，汲取东西方精髓，探索当代中国乃至全球的生活方式与精神内核。

"摩登东方"的缔造者

吴滨自幼生长于上海东西方文化交融的环境中，师从张大千关门弟子伏文彦研习中国水墨画，因而积累了深厚的艺术底蕴和东方人文精髓，同时，他也受到外滩万国建筑群等西方建筑和美学的影响，从业后还常游历各国学习现代主义建筑精神，因此吴滨在设计过程中善于将东西方元素融会贯通和灵活运用。

中国的设计在历经西方文化洗礼后，开始追根溯源，寻找自己的美学体系，逐渐形成自己的设计语言。随着世界设计舞台对东方元素越来越关注，东方文化在国际视线中逐渐成为焦点。吴滨一直致力于东方美学文化的回归和复兴，并在实践中逐渐形成自己的设计

语言"摩登东方"。"摩登东方"美学以审美意识的表现文化为主要研究对象。"摩登东方"的审美理论并不表现为逻辑概念的分析，而表现为艺术和技术的欣赏、创造。"摩登东方"美学是东方审美精神与西方现代设计语言的结合，旨在探索当下人文精神内核抽象转译。

"摩登东方"的风格特点

"摩登东方"在东方美学文化的基础上，立足当下，将西方的现代主义设计语言与东方的传统文化相结合，具有文化交流所发生的冲撞、融合、升华以及脉动状态的复杂结构，以自迭代和再创新的源生力量派生层次，保持体系持续生长的内在生命力。

在"摩登东方"美学体系中，表面上看来，东西方审美文化的交融是西方文化的审美因素和东方文化的氛围和意境的交汇，而实际上在长期的文化、经济交流及当下生活方式的变革中，东西方的不同美学意识，在不同的审美文化群中发生着一种连续的互动，使"摩登东方"的设计语汇在固有的发展逻辑中形成一种脉动的内在文化张力。所谓脉动状态，意味着不同的文化共性有时扩大，有时缩小。这种脉动状态，不能理解为单纯的机械互动，而应该视为设计美学中的营养原动力，即吸收并融合当下多元文化，将其变成自身

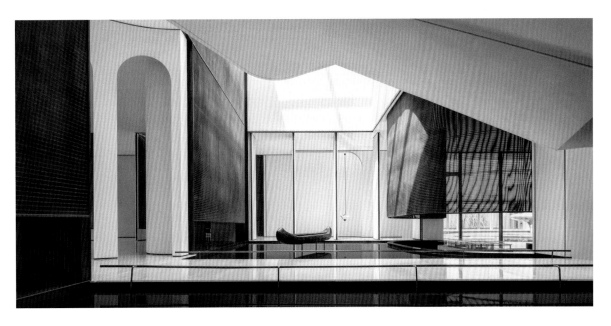

▲ 天津华润瑞府（摄影：王厅）

▲ 绿城安吉桃花源未来山 II（摄影：偏方摄影工作室）

生命的美学有机体，因此"摩登东方"的风格极具张力。在东西方文化和美学交融的同时，"摩登东方"随着经济文化和生活方式的改变而转译和升华。吴滨，作为时代的思考者，致力于生活观念的启迪，以及对未来的洞察与尝试，形成一个新的文化丛。

"摩登东方"的设计特点

理性与感性的平衡
"摩登东方"是一种多元化的思考模式，东方但不止于东方，不同于"新东方"的符号化。"摩登东方"从东方传统文化中提取哲学和灵感，例如，东方园林的节奏控制、中国绘画的时间性和散点透视等，再结合对西方现代主义手法的理解与创新，以抵达理性与感性的平衡并转换到当下设计语境，是东方美学意境与西方现代主义设计的当代实践与思考。

叙事性与时间性
"摩登东方"具有东方传统绘画中的叙事性和时间性，它在二维空间或者三维空间中加入时间这个纬度，更像拍一部电影，为空间制造一种有时间节奏感的记忆。

讲究气场
不同于传统东方的沉重感，"摩登东方"讲究的是气场。气，是来自原始的身体感觉，是"气韵生动"。每一件物体、每一个空间都有气场，而行走其中的人也是有气场的。所以，空间设计就是构建这些物体各自气场的冲突与相容，从而达到一种可感知的特定气场。设计师需要理解东方精神的气韵，结合东方的文化底蕴，以包容性与开放性的态度驾驭来自各领域的其他元素，再用西方的表现技法来呈现"摩登东方"的精神内核。

融情于景，"计白当黑"
"摩登东方"大量借鉴东方传统绘画美学意识，提取中国画之精髓，并结合"尚理、从法、重意"的风格。"摩登东方"讲究打破程式化的设计过程，以融情于景。"泼墨法""积墨法"在现代设计中形成强烈的影像感染。"计白当黑"亦是"摩登东方"较常运用的表现手法，利用留白与着墨处的辩证统一，在"虚实相生"中取得最大的空间想象力和悠远深沉的意境。

（文案：无间设计）

▲ 上海力波 1987 项目（摄影：王厅）

▲ 上海力波 1987 项目（摄影：王厅）

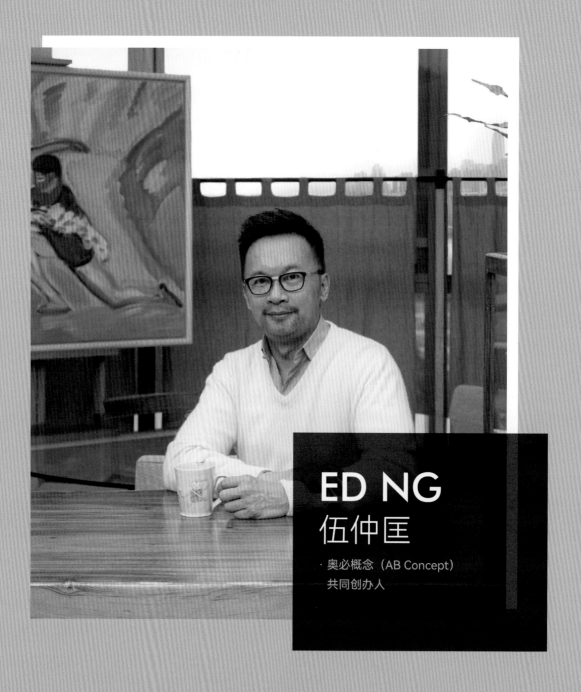

ED NG
伍仲匡

· 奥必概念（AB Concept）
共同创办人

ALL DESIGN STARTS FROM STORIES
所有设计都由故事开始

奥必概念（AB Concept）的办公室位于香港 K11 Atelier 办公大楼，从十八楼的窗户向外眺望，便是维多利亚港和港岛的无边景致。与办公楼相连的是购物艺术馆 K11 MUSEA，在这个由 K11 创始人郑志刚先生亲自策划，并与全球一百多位建筑师、艺术家和设计师联手设计的香港新文化地标里，奥必概念受邀参与了中庭剧院以及商场公共区域的部分设计。K11 MUSEA 被称作是"香港最奢华的商场"，更被誉为"海边的灵感缪斯"。"做设计要贴近时代脉搏，所以我们觉得 K11 是一个很好的位置，而且大家每天上下班都会走在自己参与设计的空间里。"伍仲匡先生在谈及新办公室选址时说道。

做自己喜欢的项目

1999 年，伍仲匡和颜学添一起创办奥必概念。在二十多年里，奥必概念做到了每一个作品都给人耳目一新的感觉。从酒店、餐厅、商业空间，到伍仲匡日本的私宅，哪怕没有亲临空间现场，只是通过照片来感受，你也能从中体会到丰富的内容和细节，这就是伍仲匡所说的"空间的故事"。譬如，由香港大馆旧

中区警署改造成的餐厅，透过照片你仿佛能看到电影画面一般的场景，看到历史与当下的交错。伍仲匡说："所有奥必概念的设计都必须由故事开始，由我们所一直强调的设计概念开始。"

回想当初创办公司的初衷，伍仲匡坦言最简单的想法，是希望可以选择做自己喜欢的项目。虽然这个目标早已实现，但因为真心享受设计，直至现在，他仍然亲自参与每个项目。"如果是喜欢的事情，当然要亲身参与其中，才能收获激情和成就感。"

从香港大馆旧中区警署改造到伦敦三一广场十号四季酒店的亚洲餐厅，再到吉隆坡四季酒店的中餐厅和酒吧，以及米兰二百年古老豪宅里的花园餐厅……伍仲匡和奥必概念团队用心感受并尤为珍视在设计过程中所体验到的不同文化。他们以喜欢的方式去度过自己选择的充满奇遇和挑战的人生。正如伍仲匡所说，"设计其实是我们的'窗户'，我们通过它去看世界。反过来，世界各地的人也会因我们的设计而了解奥必概念，这亦是我们团队的年轻设计师觉得的有趣之处"。

▲ 杭州康莱德酒店（摄影：Owen Ragge）

▲ 西安 W 酒店（摄影：AB Concept 、designwire ）

在奥必概念官网上，有一句话令我们尤为印象深刻且感动：
"奥必概念是我职业道路上的奇迹之旅。"这般来自团队成员
的心声，绝不仅仅是出于能够跻身享有国际盛誉的设计团队
的自豪感，还出于更深层次的精神上的启发与共鸣。

作为公司的两位灵魂人物，伍仲匡与颜学添二十年稳固的搭
档模式令人羡慕不已。室内设计背景的伍仲匡与建筑师背景
的颜学添，常会被问到二人在工作中的配合分工。他们从概
念提出、平面布置到选材等环节都会共事，并无明确的分工。
当为酒店项目做前期的平面规划时，颜学添的建筑设计背景
能为团队带来更为专业的意见。我更喜欢伍仲匡曾经形容二
人搭档的一种状态："两个大脑同时运作，直接地表达意见，
互相启发，共同提升。"

对于奥必概念团队的成员们来说，两位创始人对设计的极致
追求和理念将他们吸引、聚集在一起。他们为了亲身参与理
想中的国际精品项目而来，并在奥必概念团队中认识到如何
为之付出才能实现自己的理想。"我们真正是做 couture（高
级时装定制）的人，而不是做 ready to wear（成衣）的人。"
伍仲匡说，奥必概念的每个项目都会按照项目、业主本身来
做设计，都会讲一个量身定制的故事。在用空间讲故事之前，
团队要有针对性地做非常深入的资料收集的工作。譬如，建
筑的背景、地域的特色、品牌的理念、业主的需求……前期
调研总是最花时间、最费心思的环节，这个过程就像数学家
解一道方程式，像医生查找疑难病症的病因，这也正是创意
工作者们从"懵懂求知"到"看到世界"的乐趣所在。

因为从事喜欢的事业，做喜欢的项目，所以在追求极致的路
上，除了要为业主实现理想，更强大的动力来源，反而是身
为设计师的自我修养和信念。正如伍仲匡所说，"我们既像
工匠，又像艺术家，譬如一个餐厅的立面，哪怕业主没有提
出修改要求，我们也有可能因为自己想要做到更好而修改
二三十次"。对年轻人而言，与被外界光环笼罩的大师成为
朝夕相处的团队伙伴，才能更直观地感受到他们的成功源自
何处。所谓言传身教，创始人的做事态度和精神追求，也将
引领着年轻人走向更开阔的远方。

▲ K11 MUSEA（摄影：AB Concept）

用空间讲故事

奥必概念近年的餐饮项目令人印象深刻，伍仲匡也透露，自己最喜欢的是做餐饮项目。设计和餐饮都强调"taste（品位）"与创意性思维，二者颇具共通之处。同时，随着互联网时代的发展，餐饮在人们生活中所扮演的角色地位也愈加重要，在社区或是商场里，餐厅的设计感往往能成为吸引消费者来到线下体验的重要原因之一。

两年前，奥必概念为伦敦三一广场十号四季酒店做了亚洲餐厅的设计。如何用设计来讲餐厅的故事？一切由建筑及其背后的历史开启，餐厅位于伦敦港务局1922总部大楼，建筑本为历史上英国与东方国家交易茶叶、丝绸及陶瓷等商品的通商之门。"不只是商品由此进入英国，文化的交流互通也由此而来。维多利亚时代，英国贵族所用的丝绸、瓷器，将东方元素融入了他们原有的生活物品。我们由此找到了一个非常好的故事缘起。"在这个项目里，奥必概念将东西方文化完美融合在一起，为到此用餐的人们讲述了一个修复与传承的故事。

2018年，吉隆坡四季酒店的中餐厅与酒吧在业界引起广泛好评。"吉隆坡是比香港更多元化的一个地方"，向多元文化背景致敬，是伍仲匡及团队的设计初衷。"无论怎样的一个背景，我们追求的都是为品牌、业主量身定制的设计，这是演绎好一个空间故事的重要因素。"每座城市、每个建筑，在他们看来都一定有其独特之处。解密它们的过程是令人兴奋和期待的，而找到线索的那些瞬间无疑更是令人欣喜的。

从"成长"到"相互成就"

从业三十余年，创办奥必概念二十余年，伍仲匡见证了行业的变化。以酒店设计为例，"新一代消费者对'豪华'的定义发生了改变，以前人们去旅游会收藏纪念品，现在人们旅游是收藏体验。这是从物质到精神的一个转变。甚至酒店本身，就会成为人们的目的地"。

中国市场的发展速度让亲历其中的伍仲匡感受颇深。中国市场拥有全世界最多的设计项目，在经济蓬勃发展的进程当中，一方面，业主对设计的要求会越来越专业；而另一方面，设计师会得到更多的资源支持和发挥空间。日趋成熟的业主更需要设计师在商业思维上的加持。"设计不是纯艺术，而是应用艺术"，讲好故事、做好设计的同时，兼顾商业价值也不容忽视，这也是奥必概念能够获得众多顶级客户群体认可的重要原因。

当被问及关于创业的观点时，他笑着说每个人都有自己的选择和节奏，仅以自身经验而言，他认为十年工作积累之后的再创业，会让人更能懂得面对每个项目时会遇到的问题以及解决之道，更重要的是，让人拥有处变不惊的心态。"每个设计师有不同的理想，有人想做精品，有人想做大事业，这是一种共存的、健康的生态环境。"

每个行业的发展都有一个成熟的周期。现在，"成长"是中国设计师的关键词，"相互成就"则是设计师与业主、设计师与项目之间最趋于完美的一个生态闭环。作为已经在国际上享有盛名的中国设计师，伍仲匡对中国设计的未来充满信心。他相信，会有越来越多优秀的中国设计师走上国际舞台，让世界看到中国设计的精彩。

人们常常羡慕活得简单且通透之人，因为他们有愿意为之付出努力的信仰，他们更容易从寻常朝夕中找到快乐。他们的动心起念并非要成为传奇，相反，他们所求甚少，只是把自己所热爱的，用数十年的时间做到极致。他们对世界有好奇心和敬畏心，世界也以美好的样子回馈他们。我看到的奥必概念就是如此。就好像伍仲匡谈到喜欢的艺术品时，标准也很简单，"只要看到它，我就会微笑。开心就可以了"。

XIE KE

谢柯

· 尚壹扬设计创始人、设计总监

POETRY AND LIFE IN THE DISTANCE GROWS
IN THE PRESENT LIFE
诗和远方生长于当下的生活

在空间设计中，谢柯始终强调人的概念。不管私宅，还是商业空间，温暖、自然、质朴始终是其中的主线。

生活中的他更有着鲜明的个人特色，自由随性，热爱生活，不陷于奔忙，不流于速度，将家安于四季花开的大理，过着每天被阳光唤醒的生活……在他的设计里，在他的生活里，永远有生活在当下，也永远有诗和远方。

自在诗意

"我会做一些我自己喜欢、感兴趣、愿意去做的事情，如果仅仅是一门生意的话，我可能不会去做。"

在采访中，"自在"是我们在谢柯每一段表达的片段里都能够拾取到的符号。这样的人格魅力，相较于他的其他优点，诸如热情、有远见，有一种更加充满生活气息的温暖诗意。

他拥有开放的心态，喜欢接受一切外来的新鲜事物。无论对生活还是设计，他都有着自己的节奏，无论早些年随着设计行业加速发展，还是当下选择慢下来，他都没有被湮没在时代的潮流里，始终坚守着自我思考，行走在自在的速度中。

他认为凭着第一感觉迸发的瞬间思维，便是最好的设计灵感，之后所开展的所有丰富思考，都是对那一瞬间脑中闪过的灵感的展开和延伸。

当然他的自在，是无数积累所得的成果。而那些迸发的灵感，不仅源自他对设计的深刻理解，更来自他对生活真挚的爱。极具包容性的性格，让他既沉醉于对设计孜孜不倦的探索，又不忘记用自己热爱的方式拥抱生活。于是，如大众所看到的一样，他的作品中生活气息浓厚，且充满着独有的宜居宜隐的灵气。

生活远比设计更重要

"好设计是一种空间逻辑，但最终应归结为对人的关照。"这是谢柯评价设计的标准。

设计师的设计，在很大程度上决定了空间的气质。谢柯的各个设计作品风格各异，却始终有一眼可辨识的谢氏特点。这种鲜明的辨识度，起于空间的表达手法，却终于空间蕴含的设计哲学。他始终在围绕着人、围绕着生活气去表达设计，最终呈现的作品当然都有一种温润、自然、舒适的气质。正如他反复强调的，设计应该是对人的关照。他的每一个作品都在展现着这种人文关怀的温度。

△ 夕上·双廊（摄影：JLAP-雷坛坛）

▲ 谢柯自宅－云南大理山水间（摄影：JLAP－雷坛坛）

在他的设计履历中，不得不说的一段是在《梦想改造家》节目中所做的几个作品。以爱为名，他为五代同堂的一家改造了他们的老宅。改造后的房子，不但在功能和舒适性上堪称满分，而且保留了浓浓的人情味和邻里情。谢柯将爱藏在每一个微小的细节里，对需求的挖掘表现出惊人的苛刻态度。那些关于日常生活场景的细节布置，仿佛经过了他千万遍的预演。对人的关照不只是说说而已，谢柯早已将这一理念写入了每一个设计方案。

他对人的关照还体现在"诗和远方"的精神层面。同样是在《梦想改造家》节目中，他在丽江古城为五位单身姐姐设计了一个共同养老的家。他以自己的设计力，将生活每一面的不同与自然、艺术完美融入同一大空间里，表达生活可期、梦想可达的人生态度。他让我们相信，原来，生活有无数种可能，它不在别处，就在当下，且能以设计之力实现。

在他的设计作品中，不管"既下山·梅里""既下山·重庆"，还是他自己尤为喜欢的自家宅院，设计都是一种最朴素的手段，而关注人、回归生活本身的理念才是成功的关键。在他看来，生活的体验是远比设计本身更重要的功课，也是让好设计水到渠成的途径。在设计之外，他用更多的时间去生活，去感知，去体验。"生活远比设计更重要"，也成为他佳作频出的根本原因。

设计的颗粒度

几十年设计的积累，以及《梦想改造家》的出圈，让谢柯拥有了相当高的知名度。相较于借东风顺势而行，他更在意的是如何精研设计的颗粒度。"我们这个时代太快了，可能三个月就会淘汰一种东西，但有些好东西需要几十年才能够慢慢达到最好的状态。"

他有着很多方面的坚守，作为土生土长的重庆人，即使离乡多年，依旧保持着热情与自在的地域人格；即使看遍世界，依旧最爱那一口地道的重庆话。他的设计中亦有不变的坚持，"我经常会发现，我现在在一些设计作品中呈现的东西，早在 20 世纪 90 年代便有过尝试，尽管形式表达上有了变化，但有些东西是不变的。它可能是一种味道，也可能是一种情

▲ 既下山·梅里酒店（摄影：JLAP-雷坛坛）

▲ 六阅·海东方酒店（摄影：JLAP-雷坛坛）

绪……"对功能需求的思考，这一最本质的东西是不能变的。阳光、空气、植物等与自然有关的朴素元素，是他在每一个空间里都不允许错过的。在当下，节奏越快，压力越大，人就越需要与自然的生命力对话。他一直倡导的让设计回归生活，并非只是踩中了当下的人文节奏，而是基于人永恒的精神需求。

用匠人精神来形容设计中的谢柯毫不为过。他拒绝被当下的节奏或者自身的名气裹挟向前，希望能够停下来，有更多的时间去做一个设计上的匠人，去深入思考空间和设计本身，去发现和感受每一次设计中的亮点和兴奋点，并且一直保有这种发现的能力……

匠人是另一种形态的急流勇进，在高速发展的现代社会，这种不随波逐流，勇于放大专业颗粒度的担当，并非为每一个人所选择。

设计上的收与放，人生的进击与克制，在谢柯的身上渐渐形成一种叫作"大智慧"的自在。

心之所向，全力奔赴

"试着去做一件你喜欢的事情，它可能会带来一些改变。"坚守与立新，是同时存在于谢柯身上的一对共融体。

相对于那些坚守的不变，变化的是谢柯不曾停歇的设计探索。每一次探索，都是源于纯粹的好奇，并带着要把事情做到最好的决心。壹集是一个充满艺术气息的美物集合店，它的诞生源于十几年前的构想。由于做设计时经常很难淘到想要的家具和物品，他便产生了这一构想。2016 年，他碰到一个合适的契机，就迅速将这一构想变成了现实。

同样成功的，还有他在咖啡厅和民宿经营上的探索。他和合伙人支鸿鑫共同打造的"格外小馆"系列作品，将绿植、老木头的建筑质朴情怀与现代生活方式中的咖啡、甜点、小酒相融合，形成了一片都市里的"方寸桃源"。

在每一种新的探索上，谢柯都喜欢剑走偏锋。在这个项目中，他没有找专业餐饮团队来合作，而是带领自己的团队以设计师的角度去亲身探索，每个菜品、饮品都亲自尝试，探索过程有趣且有得。他说："只有亲身体验过，才会有认知上的提升，才会真正理解设计是为谁服务的。"谢柯的成功经历告诉我们，无论哪种人生哲学，行动力都是其中最玄妙的魔法。

设计上的纯粹，生活上的热烈，最终养成一个具有丰富"型格"的谢柯。从尚壹扬设计公司创始人，到壹集生活美学空间主理人，再到不设限的未来，一为万物之始，可生长出万种可能。

▲ 格外小馆·gaagaa 餐厅
（摄影：偏方摄影 – 石梓峰、杨轻轻）

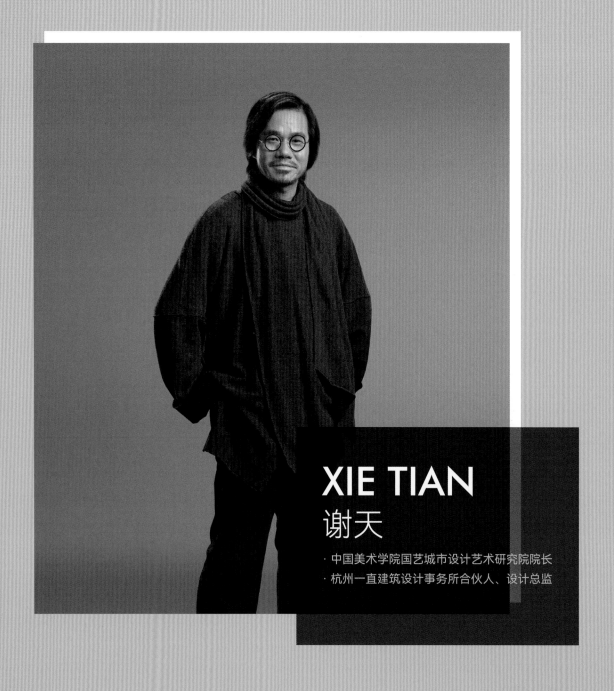

XIE TIAN
谢天

· 中国美术学院国艺城市设计艺术研究院院长
· 杭州一直建筑设计事务所合伙人、设计总监

DESIGN SHOULD FOLLOW
THE HEART
心造空间

中国美术学院国艺城市设计艺术研究院院长、杭州一直建筑设计事务所合伙人、设计总监……谢天有着多重身份。

"心造空间"，物随心转，境由心造。谢天认为，心是起点，也是目的地，同时也是艺术情感的原生力。艺术由心而初始，外化为形，最后又回到本心。

多种角色

1986 年，16 岁的谢天来到杭州学设计，从小就学习书法的他在设计方面也表现出不错的天赋。毕业后，他顺理成章地开始了自己的设计师生涯。最初的八年，他经常往返于不同的城市，做风格不同的项目，接触不同的风土人情，也是在这段时间里他积累了丰富的经验。2004 年，谢天进入中国美术学院任教，至今已十七年。

在谢天看来，他当老师有两个原因：一方面他对教学有着浓厚的兴趣，喜欢研究设计的氛围；另一方面，与年轻人朝夕相处，年轻人的创新思维、潮流意识也会影响他，他会因此迸发出很多的火花，对设计产生更多的想法。他将专业知识和文化修养，以及对于艺术的思考与反思传播给学生。学生的朝气、对新事物超强的反应力、对新技术的敏锐度也影响着他。在这个身份里，他是老师，也是学生。

2016 年，他突然发现，自己忙于创业、忙于做好设计，好像缺少和自己相处的时间，于是凭借少时学习书法的基础，他开始研究水墨画，并把水墨画制成版画，还办了画展。尝试不同角色，对谢天是挑战，也是历练。在每一个角色上，他对自己的要求都非常严苛。每个人都有自己的自由和选择。大多数的设计师，只要有正确的价值取向，愿意不断学习，愿意接受新鲜的、不同的事物，使自己的思维变得多元化一些，一定能够做出好设计。

空间探索

杭州西湖国宾馆 1 号楼、杭州柳莺宾馆、杭州大华饭店、廊坊新绎贵宾楼、连云港花果山大酒店、张家口国际大酒店、无锡君来世尊酒店、上虞雷迪森酒店、杭州西湖文化广场观光会所、宁波荣安府、三亚高福小镇会所、G20 杭州峰会主会场艺术品陈设等，谢天的每个作品都呈现着独具一格的味道，这无一不是他对空间的探索。

谢天对空间的探索，表现出一种源自生活、爱好的诗

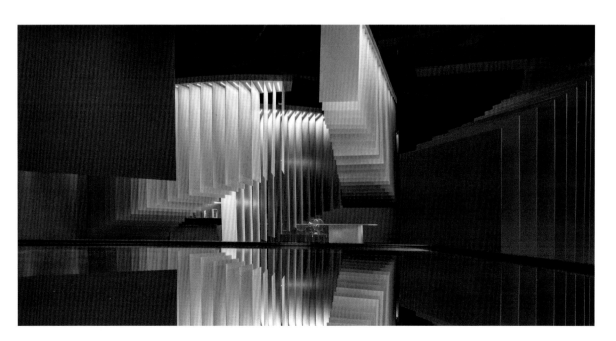

▲ 加拿大 MF 涂料杭州第六空间店（摄影：金选民）

▲ 加拿大 MF 涂料杭州第六空间店（摄影：金选民）

意的状态。身为教育家，他不仅潜心书法，还热衷于东西方文化的研究，这也成为他设计灵感的来源。每个设计师对设计的理解与应用的手法都有所不同。就谢天而言，"心造空间"是他对设计的理解，也是他设计表达的出发点。

随着经济的飞速发展，设计行业也开始讲究"快"。经济发展有泡沫，设计也有泡沫，要"快"就很难做到"好"。尤其是从价值层面到文化层面，再到审美层面和技术层面的提升，这本身就是一个渐进的过程。设计的"奔跑"需要设计师的思考与沉淀。

文化表达

谢天认为，地方全球化就是地方文化的一种当代表达。

设计语言源于对生活的思考、交流与展望，其在本质意义上是对生存价值与生命意义的感悟。生活是设计的基础，热爱生活是设计的内在动力，同时也是设计生命力延续的源泉，一个热爱生活的人才有可能成为一名优秀的设计师。保持文化的独特性与多样性是我们这代人的历史使命，只有坚持文化自信，才能在全球趋同化的时代下保持优秀和独特的本土文化，并通过设计语言让其焕发生命力。

谢天谈到了 2016 年 G20 杭州峰会主会场艺术品陈设项目的规划过程。为了体现精致大气、江南特色、杭州元素这些特点，谢天团队首先对项目进行立意，并提出了"礼""合""仁"三个区域主题。最终，正如我们所知道的，该设计不仅彰显了大国风范，震撼了世界，而且成了接待空间的范本。

本土文化的内涵正是我们心灵乃至灵魂的归宿。至于如何将地方的很多东西全球化，谢天认为，设计师应该懂得用全球的视野来看待社会的变化，并把本土的文化内核提取出来。

设计师作为一种社会身份，是需要承担相应的社会责任的。成就越大，知名度越高，社会责任也就越大。一个空间设计在满足功能的基础上，包含着设计师的生活观与价值观，这种影响是持久的、潜移默化的，不但影响着公众，也影响着业主和其他设计师。

▲ 加拿大 MF 涂料杭州第六空间店（摄影：金选民）

▲ 大亚圣象（汇公馆）办公研发大楼（摄影：金选民）

ROCCO XIE
谢智明

· 大木建筑工程设计有限公司（香港／上海／佛山）
  合伙人、设计总监
· 佛山市城匠建筑设计院有限公司明威分院院长
· 广东工业大学艺术与设计学院硕士生导师
· 华中科技大学建筑与城市规划学院校外导师

CREATION NEEDS TO BREAK
THE BOUNDARY
打破边界去创意

创意不是匆忙"打卡"一季的流行风后直奔下一季，而是适时停下脚步，去寻求文脉在空间或建筑中的融合与承传。

在谢智明二十多年的设计生涯中，有建筑设计，有空间设计，亦有文创设计。步履不停，变化总在发展中不经意间开启，是创新，更是传承，是资源整合再造，更是打破边界去创意。

设计新纪元

设计是快节奏的创意"穿搭"，每隔几年就会出现一次大规模的生态变革。2000—2010 年是技术当道的年代，软件技术的革新使设计工艺、设计管理、施工管理等方面都进入了发展的"快车道"；2010—2020 年则是眼界和视野决定格局的时代，随着设计师们走出国门，感受巴黎、米兰、伦敦、柏林，乃至整个欧美带来的创意震撼，国内设计圈每天都在上演百花齐放式的创意探索；进入 2020 年后，信息全面打破时间、空间的界限，互联网推动了信息交换，给设计行业的发展带来了前所未有的活力。

在这风起云涌的二十多年中，谢智明见证了设计行业每一个阶段的变化。他在一半电脑、一半手绘的探索中，披荆斩棘，走出了一条鲜明的创意之路。成功的背后，是永远昂扬的学习精神，是对每一次出国看展机会的珍惜，是无数本外文原文期刊、著作的阅读积累。

沉淀的从容

狄更斯在《双城记》里写道：这是最好的时代，也是最坏的时代。谢智明常常用这句话告诫新生代设计师。在快节奏的经济发展中，实践的机会越来越多，但系统理论的学习总结却越来越少。浮在表面，缺乏系统性研究，会使一些"新锐"设计师的才华只是昙花一现。

如今，许多年轻设计师纷纷自己创业。从设计前辈的角度来说，谢智明认为年轻人不必急于创业，打好基础才更重要。在设计市场越来越细化的今天，技术是设计师最好的武器，专业才是硬道理。

设计不是花把式，要靠真功夫。如今看来，"好好学习，天天向上"不是老夫子的制式唠叨，而是日拱一卒的决心毅力，是设计积淀与灵感迸发的基础，是创意应时涌现的事前储备。

▲ 贝尊·林卡（摄影：金选民）

▲ 策展作品"担凳仔"（摄影：唐列平）

"如何在快节奏中找到系统的平衡？这是我们'70 后''80 后'设计师应该思考的问题。信息化时代，做好设计系统的归纳和总结是我们的责任，会给年轻设计师们带去指导与影响。"谢智明说。

城市记录者

设计行业是代表着经济指标的一个重要方向，是一个国家经济发展水平和社会文明状态的重要体现。而建筑业和房地产的高速发展，让设计行业与它们产生了同频共振。

学建筑出身的谢智明对自我有清晰的认知，他迅速抓住机遇，加快升级步伐，在建筑设计和空间设计上"一拍双打"，打破边界去创意，将自身的优势发挥到极限，用差异化的设计迅速赢得了口碑。

谢智明的父亲在工厂的基建队工作，是中国最早一批从事给排水工作的人。父亲的影响和家庭的支持，让谢智明从对建筑的好奇，到慢慢走上建筑和空间设计的道路，让他对自己所从事的工作有一种莫名的成就感。

他常说，设计师的成就感不只是获得了多少奖项，更多的是大众认同带来的自豪感。每当走过自己设计或者改造过的建筑空间时，看到很多人对空间投出欣赏的目光却不知道设计师刚刚从身边经过，那种成就感只有设计师自己才知道。

每个城市都有它的特点。如何把城市原有的文化、艺术、风情、民俗很好地保留下来，在保护的大前提下做更新和发展，做好新与旧的结合，这是一门非常大的学问，也是谢智明在城市更新与旧建筑改造的过程中一直在思考的问题。

这些年，他致力于研究和推进创新型综合商业模式，希望通过融合珠江三角洲地区的岭南文化与商业需求，打破建筑、空间、文化之间的界限，在传承的基础上做好创意，并在做好成本控制的同时，将创意最大限度地执行落地。在他看来，这些都植根于以服务为目的的设计属性——设计即服务。

▲ 富力金融中心面膜营销中心（摄影：唐列平）

开拓者无界

佛山建材业发达，陶瓷、铝材、家具、幕墙等相关行业的迅猛发展，催生了设计之花的开放，越来越多的佛山年轻人加入了设计圈。作为前辈，谢智明深刻地认识到自己身上肩负的社会责任。设计工作之外，他还在众多设计组织任职，作为设计领航员活跃在佛山设计圈。

由谢智明带领的佛山市环境设计协会，在顺德区民政和人力资源社会保障局的支持下，与广东省工业设计协会、榕树头基金会共同发起"缮居"设计公益项目，致力于乡村危旧房屋的修缮维护工作。目前，该项目已走过第五个年头，吸引了二十多家工业设计公司以及四十余位室内设计师参与，实现了十一户家庭的精准扶贫。

为了鼓励佛山年轻一代室内设计师的成长与进步，2020年他倡导成立了佛山市青设会，并推动其与佛山市禅城区留学精英促进会互动交流，跟"85后""90后""00后"的青年设计师分享资源与机会，使佛山市设计界形成良性循环和团结的氛围。这是文化的传承，更是对家乡的大爱。

身边的朋友都说，谢智明把自己搞得太累了。但他总说，在设计市场越来越细化的今天，危机感和前瞻性是设计师必须具备的基本素质。

忙碌的谢智明总是行走在创新的路上。他最近一直在琢磨文创产品，因为他认为设计已经进入了一个跨界时代。从设计到产品再到出品，要实现产品化的迭代。

20世纪五六十年代的时候，每当夜幕降临，到公园"听古"是广东人最"潮"的活动了。那时候，饭点一过，佛山各大公园讲古场就尽是黑压压的人群。街坊们早早地奔过来占据最好的位置，这是每家每户每天都会做的一个行为艺术。

就是这样一个简单的行为，让谢智明看到了一种文化的传承，并产生了设计灵感。装置作品"担凳仔"就是这样来的。

他希望以"板凳"为载体，以"坐"会友，引发对话，传达人文艺术和公益设计理念。该作品选用最朴实的、来源于生活中的材料，通过装置艺术和空间设计的手法来实现。从单个的板凳到整个装置，"担凳仔"将榫卯结构的概念发挥到了极致，从头到尾没有一根钉。目前，以"担凳仔"命名的作品已在多个展览进行展示，在业界反响强烈。

痴如谢智明，他总是迫不及待地奔向设计的最前沿，二十多年来，依旧不悔，始终保持着对设计行业的执着热爱与突破创新。设计没有边界——重要的是勇于打破边界，从而真正做到无界。在对设计的长情告白中，谢智明在无界中走出了一条看似无序、实则井然的创意之路。

▲ 贝尊·林卡（摄影：金选民）

YANG BANGSHENG
杨邦胜

· YANG 设计集团创始人、首席设计师
· 全球十大杰出华人设计师
· 亚太酒店设计协会副会长
· 中国室内装饰协会副会长
· 清华美术学院 / 四川美术学院客座教授、研究生导师

INHERIT THE CLASSICS AND CREATE
INDIVIDUALITY
自然传承,个性造物

"做设计是自我生存状态的释放。我从小有一个艺术家的梦想，因为没有机会考上专业美院，走了一条先做老师，再到美院进修，后转做室内设计的路。在这个过程中，我始终没有放弃儿时那个梦想。"在接受采访时，杨邦胜这样说。

杨邦胜是中国文化个性酒店设计的倡导者。他设计了超过500家高品质的星级酒店。从事酒店设计二十多年，杨邦胜始终坚持设计有特色和有文化内涵的个性酒店。他善于挖掘东方美学的独特意境，融历史、文化、艺术于空间之中，执着追求文化个性酒店的国际表达，希望实现文化与自然在空间上的回归。

忆往昔，峥嵘岁月

1995年，在杨邦胜入行时，中国室内设计行业尚处于初始的缓慢发展阶段，大多数设计师都在盲目模仿、跟风国外的设计风格。这对中国室内设计行业有利有弊，"弊"是这个时期的作品大多缺乏设计师独立的想法与风格，而"利"则是指国外成熟的作品和风格传入，拓宽了国内设计师的视野。在学习和借鉴优秀作品的过程中，在大量的项目实践中，杨邦胜很好地完成了设计基础的原始积累。

随着中国经济快速增长，室内设计行业蓬勃发展，国内设计师开始注重中国文化的设计表达。杨邦胜在那时候开始接触国际品牌酒店项目，其中做得比较多的是具有文化个性的国际品牌酒店设计。

杨邦胜对设计的理解应该是随着经历和经验的积累在慢慢转变的。从设计就是解决问题，到设计的自然之道，他认识到了文化才是设计的灵魂，设计也应该起到传承和创新中国传统文化的作用。中国文化概念太大，到底什么样的文化能够体现设计的独特性，他尝试从地域文化着手，挖掘和提炼当地民族和文化特色，把具有独特性和代表性的文化元素通过现代化的设计语言转化为酒店设计之美，呈现具有独特生命力的作品。杨邦胜总是不断探寻对中国灵魂的国际化诠释，努力找回中国设计文化的信心。

看今朝，百花齐放

"设计是一种源于生活而又高于生活的艺术创作。"在他看来，一个好的设计师除了不断学习理论，不断在项目实践中积累经验，更应该到生活中去寻找设计灵感。"我喜欢看书、旅行，涉猎文学、艺术、哲学等相关的各种知识，这些看似与设计无关的事物与阅历，

南京 G 酒店（摄影：肖恩）

▲ 南京凯宾斯基酒店（摄影：肖恩）

不但拓宽了我的视野，也在文化挖掘、品牌塑造以及项目分析等方面激发了我们很多创作构想。一个设计师的文化积累与生活经历很重要，因为设计本身就是一种艺术的表达。"

在室内设计发展初期，国内的设计师和设计作品很难被业主和国际酒店管理集团认可，他们更倾向于跟境外设计团队合作，因此业主对设计师的信任度不够，当双方沟通时，设计师缺乏自主权。但随着中国室内设计行业的快速发展，中国设计师经过大量实践项目的历练，快速成熟起来，不仅设计创意和作品百花齐放，在国际舞台也开始大放光彩。

而由杨邦胜设计的一家家具有文化个性的特色酒店也在全国各地相继开业。几乎每一家都能带来不错的市场反响，这也让杨邦胜与业主之间建立了彼此信任的关系。目前，他不仅在室内专业上拥有自主权，有时还会以顾问的角色，为业主的整体项目出谋划策。

另外，随着中国酒店业的快速发展，酒店项目的业主也变得更有经验，加上走出国门的便利性，他们也在不断学习交流、开阔眼界。现在，越来越多的业主对酒店有独到的认识和见解，他们拥有非常高的艺术欣赏水平，因此，设计师与业主彼此间能够更加平等地对话，沟通也变得更加专业。当然，酒店设计是一个巨大的工程，双方沟通过程不会一直都是顺畅的，当出现矛盾或意见相左时，杨邦胜会坚持以保障酒店开业后的运营为设计的出发点。在不违背这个观点的前提下，如果业主提出的意见有意义或价值，他会积极听取并协商更好的设计方案，但如果业主的意见或建议不合理，他也会从专业的角度进行全面的讲解分析，说服他们，负好设计方应负的责任，决不妥协。

"我始终认为设计的原点是为了解决问题。解决空间、功能、审美、体验等存在的各种问题是设计的基础。"在解决问题的过程中，杨邦胜发现，要体现作品的独特性与差异性，注入文化的内涵必不可少，于是他带领团队，坚持挖掘每个项目独特的地域文化、城市文化，做文化碎片的"打捞者"。

"有一年的清明节，我回老家，发现那里一切如故，还是那么真切，没有汽车发动机的轰鸣，土墙木门没有任何装修，

▲ 深圳国际会展中心希尔顿酒店（摄影：肖恩）

幽静的院落，鸡鸭鱼鸟悠然自得。"那一刻内心的平静和时光的安宁让杨邦胜顿悟。为什么那么多人追求返璞归真的生活状态？也许每个人意识深处都对质朴与真实有着本能的渴望。于是，他把这种理解应用到了深圳回酒店的设计中，把他对生活、亲情、人生的感悟，对宇宙的敬畏和对自然与宁静的追求和期盼，都融了进去，希望这样一片地方能让人找回最本源的情感。

在杨邦胜身上，你能感受到那股文人的风骨，他像古书上写的追求安静恬淡的文人一样，有知识，也更有情趣；有性格，也更讲人格和品格。

展未来，前程似锦

"我热爱设计行业，从业二十余年，设计已经不仅仅是一份工作和事业，它已经融入我的生活，无处不在。"

在杨邦胜的心里，设计是他一生的挚爱。设计创意所带来的激情和满足感，可以使他永远保持一颗年轻的心。"十年，或者更多年后，只要我的身体允许，我都会继续设计，只是十年后，我应该不会像现在这样忙碌。未来，公司将迈入现代化的企业管理时代，我会考虑将管理权交付给足够信任、有专业管理能力的人，以便全身心地投入设计。"

"表达城市记忆，是我们赋予设计灵魂和温度的一种表现方式。城市是人们留存记忆的载体，随着现代化的发展，很多独特的文化渐渐消失。"杨邦胜之所以想要挖掘地域文化，表达城市记忆，一方面是为了保存那些渐渐消失的文化画面，希望借由酒店这个载体，让更多人认识和记住这些文化；另一方面，文化是一个城市的内涵，他将该地域文化浓缩在一座酒店里，希望能带给旅行者或居住者对这座城市最直观的印象和感受。

在杨邦胜看来，酒店设计是一种妥协的艺术，因为整个设计工程十分庞大，空间、功能、项目定位、竞争策略、投资回报、人们的审美需求等方方面面都要顾及，因此每个作品或多或少都会存在一些遗憾。"我和我的团队，在整个设计过程中，结合项目的设计需求、市场定位、预算等多方面因素，会进行无数次头脑风暴，选择最合适的设计方案，将遗憾降到最低。每个作品都是我们的用心之作，所以无所谓最满意和最遗憾。而设计的魅力恰在于能够不断尝试和突破，因此对我而言，未来的每一个设计都充满挑战、创新与激情，也是我想做而还未做的。"

▲ 重庆沙磁公馆（摄影：INSPACE 言隅建筑空间摄影）

YU QIANG
于强

· 于强室内建筑师事务所创始人、设计总监
· 深圳室内建筑设计行业协会会长

EXPLORE THE ARTISTIC AESTHETICS OF
DESIGN
探索设计的艺术美学

你是否认为艺术只存在于美术馆、剧场、音乐厅？你是否认为艺术距离我们的生活很远？有这样一位设计师，他将艺术之美融入空间，融入设计的细枝末节，从而烘托出生活的美好，让艺术自然而然地成为生活的一部分，让人们在享受生活的同时，也能享受艺术。他，就是设计大咖于强。

空间里的生活美学

"哪怕只是一个小房子，我也希望通过我的设计能带给他们很大的启发和帮助，从而让他们更好地生活。"这是于强的设计哲学，简单直接。

对待生活，应该有自己的审美标准，有自己的追求；对待艺术，应该充满想象，充满期待。于强所追求的设计艺术是非常具象的实用艺术。在他的作品中，空间关系总是非常明确。线条、位置、大小，以及相互之间的呼应，每个细节都要细细拿捏，反复"折腾"，力求实现和谐的空间关系。他十几年前的作品，到现在也并不过时。

于强骨子里偏爱简单的东西，这体现在设计作品上，就是不管项目大小，整个空间都呈现出简约、大气的气质。他认为，简单是复杂的最高境界。

设计的目的在于寻找功能和艺术间的平衡点，在功能足以满足要求的前提下，装饰成分是可以有节制的。而如何把握节制的度，是考验一个设计师是否成熟的标尺。显而易见，在把握节制的度上，于强是真正的行家。

创新、实用、唯美、清楚、克制、诚实、耐用、细腻、环保、简洁，这是德国设计师迪特·拉姆斯曾提出的关于"好的设计"的十大准则。纵观于强的整个设计历程，保持真实、从生活中解构设计之美、用作品说话、通过作品表达对艺术的最大尊重，他正在向着"好的设计"这一目标无限接近。

设计需要非模式化的转变

"不可能每个方面都做得完美，我只能尽我所能做到最好。"于强对细节的"斤斤计较"曾让合作伙伴们感到头痛，但正因为这份执着与坚守，使他成为"深圳十人"的代表之一，成为当下设计师的先锋模范。

室内设计从进入大众视野开始，就站在时代的浪尖之上。随着行业视野的日益开放，设计先锋们不断拓展着行业发展的边界。新一代的年轻设计师享受着开放、多元的环境，走在趋势前沿，他们迫切需要一份

东莞源悦营销中心（摄影：ingallery）

▲ 东莞源悦营销中心（摄影：ingallery）

凝聚力来平稳"躁动"的心灵。于强将这种独特的凝聚力称为"非模式化的转变"。

设计师发展的最大阻碍是思维固化，即一成不变的模式化思维。基础教育的缺失以及市场的不规范化、快节奏，导致许多年轻设计师从一"进场"就开始慢慢固化思维，形成固定的设计标签和模式。这不是褒义上的打"标签"，设计师如果不尽快"逃离"模式化思维，短时间可能不明显，但长期下去，必然"疲态尽显"，失去发展的机会。

设计师是一份创意性很强的职业，需要天分加完备的综合能力。目前，设计圈的年轻设计师更热衷于公司的运营和管理，纷纷投身创业。于强认为，这未尝不是一件好事，但是创业要基于准备到位、综合能力完备。年轻设计师可能带来全新的创意视角，给设计行业注入新鲜的血液，对成熟的设计圈也能起到积极的促进作用。

"你可以在你的脑海里天马行空地幻想，只要你想得到，只要这种想象不是孤立的，而是充满联系的。"设计有各种各样的方式，但都逃不开一套底层逻辑：个人风格不应该模式化，而应该随着作品的改变而不断变换。摆脱固化，将思维无限延伸、发散，从而收获新的认知，这是于强多年来的设计哲学。在这一点上，他希望能与年轻的设计师们共勉。

将设计转化为产品

做室内设计之余，于强热衷于将设计转化为产品。虽然还是跟设计相关，但又大有不同。他认为，设计是提供一种创意服务，具有主观性和片面性，作品的落地更多的是要看客户的想法。产品则完全相反，具有客观性和全面性，是看整个市场的客户的接受度，而不是只听某一个客户的意见。

将设计转化为产品，未尝不是于强设计理想的现实实现，或者也是他开设泡泡艺廊的初衷。泡泡艺廊是一家以国际现代设计为焦点的设计艺廊，展示了全球众多极具创意的设计品牌。在这里，从家具到时装，再到生活趣品、艺术品，艺廊用新潮的原创设计带来生活的艺术感和美学享受。这与于强的设计哲学不谋而合。

▲ 杭州运河万科中心（摄影：黄早慧）

多年的室内设计经验，为于强在产品设计上打下了良好的基础。他希望通过为每一件创意单品添加功能和艺术气质，让客户产生"物超所值"的心理暗示，从而发挥单品的最大价值。这无疑挑战了一个巨大的难题。而对于强来说，难题虽多却指引了努力的方向，所带来的正向意义是巨大的，形成了他从事产品设计研究的快乐源泉。

通过将设计灵感注入产品，颠覆想象的创意提升了设计师设计过程的幸福感。而当客户选择了某种产品时，从某种意义上讲，就是认同了设计师的设计理念和设计态度，这既是生活品位的提高，也是艺术审美的提升。设计师和客户，二者之间通过产品发生交流，并形成良性循环，从而达成共赢。这正是于强所追求的极致目标。

著名平面设计大师原研哉说："我是一个设计师，可是设计师不代表是一个很会设计的人，而是一个保持设计概念来过生活的人、活下去的人。"

正是基于对生活的执着和对艺术的执念，于强把空间打造成艺术品，将平凡的日子过成生活美学，这既是他设计的品位，亦是他生活的品位。

▲ 深圳湾一号 T7 员工食堂（摄影：黄早慧）

▲ 深圳湾一号 T7 员工食堂（摄影：黄早慧）

YU PING
余平

· 著名室内建筑师
· 余平工作室主创
· 西安电子科技大学工业设计系教授

A DESIGNER WHO DOES NOT FOLLOW THE MAINSTREAM
"非主流"设计匠人

改革开放四十多年，中国设计快速向前奔跑，直至与世界接轨。作为从设计启蒙阶段就参与其中的设计者，那一代人共同铸就了中国设计，也被设计发展的洪流裹挟向前。但在余平身上，仿佛有一种任时间飞逝，我自相对静止的笃定。

"静止"在于，在四十年的从业时光里，他面对行业的迅猛发展，一直保持从容不迫的态度，潜心打磨自己的设计理念。而"相对"在于，四十年的初心不变，他一直在挑战从不同的角度去诠释设计，如室内设计、摄影、教育，并以向上的视野不断探索和发现。多元是余平热爱设计的形态，匠心是他践行设计的恒态。

设计者

作为室内建筑师，余平善于将传统元素与当代艺术设计相结合，创新性地运用中国传统文化。在大多数的记录中，他都是以这样的"型格"出现在公众面前的，而几十年如一日的沉淀，让余平在设计师行列里，成为那个"非主流"般的存在。

说到设计师余平，就不得不提到"瓦库"系列作品，这是一个持续了近二十年的设计系列。从西安出现第一家"瓦库"，到现在全国范围内发展至三十多家"瓦库"，这是一次跨越时代的设计行走。即便说它是在中国室内设计史上由一个人延续时间最长的项目也不为过。然而其在设计上的意义，不仅仅是时间跨度所创下的独有，更贵在它体现了余平对设计思考的层层深化与步步推进。

"瓦库"系列是余平作为设计师，在专业领域的集大成之项目。它记录了余平设计思想的发展历程与时代背景对设计行业的推动作用。自2004年起，余平便开始着手"瓦库"系列的探索。他说这次探索是关于设计"情感"的思考，借由被遗弃、被忽视的瓦，来唤起被物质化的城市对记忆和情感的寻找。这次唤醒情感的设计行动，一做便是三四年，并且诞生了"瓦库"1号、2号、3号。"瓦库"系列作品一出现就惊艳世人。

这次设计探索从此便一发不可收拾，因为设计元素"瓦"，在新的时间节点上会生发出不同的思考。之后，余平又启动了设计要"打开窗户，让阳光照进，让空气流通"的新思考，随之而来的便是对这一思考的实践。这同样是一个庞大的工程，从设计对传统记忆的回归，进一步拓展至设计与自然、与人的关系。例如，如何辅助室内空气流通，吐故纳新，让建筑体内外畅通"呼吸"，让人与自然吐纳一体。这是一个漫长的

▲ 花迹酒店（摄影：贾方）

▲ 瓦库 17 号（摄影：ingallery）

实践周期，他对土、木、砖、瓦、石的钟情，使他坚定地选用"有生命属性"（会呼吸）的材料，在五六年的时光里，创作出一系列进化的"瓦库"作品，带来一次次震撼。

事实证明，这一思考具有长足的意义。在 2020 年，多数室内商业体濒临危机的时刻，"瓦库"系列商业体，因其自然与健康的天然基因，同比上一年营收额居然有很大增长。这是一道关于人与自然和谐相处的考题，"瓦库"系列的设计交出了高分答卷。

"有生命属性"的材料进一步启发了余平的设计思考，开始探索"长寿"的室内设计。针对室内设计保新周期通常在三至五年的现状，他将探索的重心转移到对室内设计功能与审美可持续性的研究上，将"有生命属性"的材料作为室内的主要材料，让它们在"阳光得照进，空气可流通"的室内空间里继续与阳光、空气、水分交融，让时间赋以它们生命力，让室内空间变得更加温润。这一阶段的"瓦库"系列作品和南京花迹酒店，衍生出了新的审美理念，让作品因踪迹美学而跨越时间。

匠者

人生必有痴，而后有成。让余平痴的那个点，从表面看，是那些藏满了历史和文化的古建筑，是那些写满了历史和文化的踪迹之美；而从内心来看，则是对设计的一份匠心。

所谓匠心，是异于常人之坚守，是持久之情怀，是时代之稀缺。他痴迷于中国乡土建筑之美，别人眼中那些古民居的破败，在他眼中是写满了时光美的历史与文化。那些质朴的土、木、砖、瓦、石，是萦绕他一生的挚爱。

能被称为匠者，还须以实力使情怀落地。"瓦库"系列成为贯穿他整个设计生涯的"痴"，是他近二十年设计实践中最质朴而真挚的印记。他钟情于"瓦"，便深耕其中，身心与思维皆浸于此，把这一种材料挖掘到透彻，研究到极致。这样的痴情与专一，终致所成。

在城市进程飞速发展，高科技日新月异，新材料、新技术

▲ 瓦库 17 号（摄影：ingallery）

层出不穷的今天，余平的钟情看起来格外"非主流"。那些边缘化的、被摒弃的原生态材料，被他一次次发现、提及、整理、使用。他钟爱那些承载着几千年文化的原生态之物，总是深度探寻它们背后的历史痕迹或生活印记。在他的作品中，那些与自然的共融，而非人力的后天装点，格外打动人心。

这一份匠者之大气的意义在于，一个设计师能够抵抗巨大的潮流惯性，在传统与现代之间找到新的平衡。

观察者

设计的灵感来自自己的行走，对于这一点，余平深有体会。他经历过的那个时代，他记忆中的那些传统之美，深深烙印在他的情怀上，让他在往后的日子里不断地缅怀那个时代之美。

1997 年，他开始寻访古民居，从西安出发走访中国古镇，用镜头记录民居建筑和所有风土人情。他把工作之余的所有时间都交给了行走，献给了古镇村落。他享受着这样的沉迷，这一走就是二十余年。

迄今为止，余平一共走访过一百多个古镇，拍下了近十万张照片。不过和很多摄影师不同的是，他并非单纯地记录风景，留下足迹，而是为了探究传统民居建筑与元素，并留下考证资料。在他的观察与记录中，那些原始的为生存而形成的古老建筑方式，焕发出新的艺术美感。陕北黄土高坡的陈炉古镇、南疆喀什的高台民居、东海惠安的东岸石屋……大江南北跋山涉水，他走遍人迹罕至的村落，搜集被世人遗忘的故事。这些珍贵的视频和摄影作品被多家省级美术博物馆收藏。

那些路过的村落、那些留下的影像，满载着他扎根乡土，却仰望星空的情怀，也映照着他对设计的初心。在人人飞速向前，去追逐世界潮流的时候，他甘于摒弃速度，停下来去抚慰、复盘、思考设计的初心。

观察与记录，是为了使其再生。这些记录从宏观上来说，使中国乡土建筑的新生拥有更大的可能性；从个人意义上来说，为余平的设计思维提供了用之不竭的灵感。

他以观察者和研究者的深厚积淀，让土、木、砖、瓦、石五种古老的材料，在现代语境下重绽光芒，创造出真正符合中国乡土建筑传承与创新的探索作品，也因此名震海内外。

师者

在众所周知的设计师、摄影师身份之外，余平也是西安电子科技大学工业设计系的教授。

师者，自带榜样属性。余平的设计人生，便是一本生动的自传体小说，以身为鉴，坚守与专注自明。他关于设计走向的思考，以及关于实践与创业的建议，对年轻设计师具有人生导师般的影响力。"过去的几十年，行业飞速发展，我们中国的设计师从向外模仿，到找到自己，直至今天自信地站上世界舞台上，总要有一部分人慢下来，甚至停下来，去思考，去体味，去总结，去沉淀。"这是他一直倡导和提倡的，也是一直践行的。

师者，所以传道授业解惑者也。在这一层面上，余平有着得天独厚的优势，他拥有几十年设计实践经验，以及已成体系的设计思想。在以设计专业知识为重点导向的高校中，二者相结合，对未来设计师的培养，是至关重要的。

每一次身份的转换，都是余平以不同的题材写给设计的"情书"。他为后来者铺就了一个多元化的未来，也教会我们如何坚守初心、保持匠心。

ZHANG CAN

张灿

· CSD · DESIGN 设计事务所
创始人、创作总监

A RATIONAL DESIGNER WITH DELICATE
SENSIBILITY
理性的设计者，细腻的感染力

早已成为中国室内设计界领军人物的张灿，从未放弃过专业的进击，一直在与自己过招。从中国室内设计的萌芽，到行业现下的蓬勃发展，越来越强大的能量，在他体内慢慢被释放出来。

在他的整个设计生涯中，我们看到的更多的是理性的规划、理性的思考、理性的设计，以及由此而来的一个更具前瞻性与可控性的个人发展道路。

父母是人艺的演员，姐姐毕业于音乐学院，来自艺术世家的熏陶是外在环境对他的影响，而真正让他达到今日之成就的，虽有此效，绝非此因。朋友经常唤张灿作"火山哥"，不仅取其名之妙，更因生于重庆、长于成都的他有着自由与爽朗的性格。

理性规划的人生，让他的设计充满着可控、可观的沉稳。大学时，他在四川美术学院学习的是服装设计专业，按照惯例，毕业后应该会从事相关专业的工作，但他遵从了内心对建筑与室内设计的偏爱，毅然改变了职业方向。

现实情况是，你只有非常努力，才能看起来毫不费力。

尽管扎实的美术功底帮他做了很好的铺垫，但建筑与室内设计和服装设计毕竟是两个不同的领域。张灿深知自己的不足，便自修了建筑与室内设计课程，并在实践中坚持学习，以实践检验自己的短板，后来又去读了在职研究生，取得了建筑学硕士学位。此外，他又到意大利米兰理工大学学习设计管理与设计哲学，形成了更开阔的国际视野。

"哪有什么突然跨界到建筑，其实我也经历了很长时间的铺垫，去储备设计所需的能量。"他坦言，米兰理工大学的教学方式，鼓励学生到讲台上去讲课，由此养成的主动思考与发散性思维，让他受益匪浅。

在确定了方向以后，就去为了这个方向更广阔的发展前景做好相应的准备，这是烙印在张灿人生里的处世哲学。年轻时候的奔波，皆是为了这样的准备。

海明威在《老人与海》中曾写道：有好运气当然好，可我宁愿做到准确无误，这样，当好运来临时，你已经准备好了。时代潮流滚滚向前，经过的路上，不同的泥土中总会开出不同的花。在做着各项准备的张灿，赶上了时代给予设计的天时。

▲ 腾冲泊度度假酒店（摄影：如你所见 - 王厅）

▲ 腾冲泊度度假酒店（摄影：如你所见 - 王厅）

前期的一切实践和探索，是多面尝试、多面探索的随性而为。但当正式的设计事业开启之时，他便倾向于更加严谨的专业发展。1998年，当大众对"室内设计"这个词还相当陌生时，张灿就创立了自己的设计品牌——创视达建筑装饰设计有限公司，希望以专业的品牌之路去发展。

"创视达"，志在创造出一种极致的视觉及感官体验。公司的英文名字 CSD · DESIGN，既是中文拼音的缩写，又有着深层的诠释意义，C（creative）表示有创意的，S 表示所施力的主体是 space（空间），而 design（设计）则是行动的落脚点。这样的初衷简单而具有深刻的寄望。

如今回看，虽然那时候中国室内设计行业并没有成熟的品牌化意识，但他已经感知到了这是设计必走的道路。他对设计的格局没有局限于营销层面，而是希望能够在世人心中留下一种深刻且可辨识的印象。这样的理念在当下已不鲜见，但在当时的行业发展境况下，是何其先锋和前沿。

CSD · DESIGN 的一路发展，大概就是中国室内设计发展历程的一个缩影，从无意识到有意识，从星星之火到建立体系。在张灿踏入室内设计行业时，这一领域还没有清晰的道路和系统的设计体系。

"那时候的门槛很低，基本就是在做装修，更无从谈设计收费。"没有前人之鉴，没有行业规划，在从无到有的道路上，他只能与同行者自己摸索。设计的价值是什么？设计应做何种表达？设计的未来可能是什么样？这成为张灿在接下来的探索道路上要去寻找的答案。

几十年来，室内设计行业从萌发、兴起到百花齐放，给了这些拓路者越来越清晰的答案，也渐渐沉淀出了他们对设计的独特体会和看法。

设计是创造价值的艺术

创始人的初心与格局，在很大程度上决定了一家公司的走向。从一开始，张灿便为自己的设计、为 CSD · DESIGN 的气质埋下了创造价值的种子。随着时间的推进，它逐渐显

▲ 炳灵寺石窟游客中心 – 红星美凯龙 M+ 大赛（张张王牌团队）（摄影：如你所见 – 王厅）

化为我们如今能看到的价值导向与艺术审美平衡的设计表达。

能够创造某种价值才是设计的目标，而设计的表达方式只是载体和手段。在行业刚刚萌芽的年代，张灿便有了这样的领悟，从最开始的装饰到真正的设计，他始终坚持这样的理念。虽然他以美术生的背景入行，但理性的思维方式与开阔的视野，让他能够跳出自我表达本身去看待设计，能够站在国际的视角思考设计的整体状况。

关于设计能够创造的价值，更是被他深化为一种系统的价值。以餐厅设计为例，他认为设计服务应是全方位的价值服务，设计不仅仅作用于空间格局、材质色彩和审美特征，更应延展到对平面、菜品、氛围、出菜方式等运营层面的赋能，提供给体验者的是一整个系统。近些年，他一直专注于酒店、艺术场馆、会所、餐饮等多种类型的室内创意设计，实践着对设计价值体系的构建。

在他的理念中，设计的价值不再局限于欣赏性，而在于给一个家的生活带来改变，或者为一种商业模式赋能，乃至提高人们整体的人文素质、品位，推动整个社会文明的发展。

情绪是所有设计的共识

在室内设计中，总是充满着功能、商业与艺术性比重的拿捏，亦有着私宅、商业空间和公共空间等不同空间设计方式的探讨。在张灿的设计中，这些问题仿佛达成了共识。美术馆、展厅、文创空间、民宿酒店等不同类别空间的驾驭，建筑与室内的交互，价值体系的反复验证，成为他设计实践的最大独特性。

"不能打动自己的设计，不可能是一个好设计"，在他看来，设计的所有技法都是为人的情绪服务的。空间的设计如一场心灵魔术，可缔造气派的形式，亦可制造生活的温度。这种设计逻辑要求美学的表达要蕴含理性的思考。

大概是专业积淀的缘故，他是一个有着建筑设计情结的室内设计师，更喜欢或擅长以简洁的建筑语言直达人心。他的代表作之一——成都当代美术馆，就表达了这样的设计理念。他坚持探索用更少的材质，表达更多的情绪。这对设计力是一种挑战，也是设计可能性的拓展。

他的作品从不定向，却有指向。他始终坚持做定位清晰的空间，如酒店、美术馆、咖啡厅、剧院等。这类空间的共性就在于，人与空间的关系是具有精确指向的，未来可能呈现的状态或情绪是清晰可知的。在他看来，所谓设计行业的细分，只是所面对业态或商业模式的细分。

在不同业态空间设计价值的创造上，情绪是相通的，这让看似杂乱的不同行业和空间，有了可尝试、可把控的切入点。在表达上，所有的技术元素，即使是美学层面的，最终也可归结到情绪的表达或出口。通过这种途径，他去尝试每一种价值的创造。

设计的理性进击

与众多设计师认为的"设计就是生活，生活就是设计"不同，他的设计观中充满了主动进取的理性思维。他对生活的解读是日常的、随性的，但设计的灵感不是从生活中自动冒出来的，而是需要设计师通过理性的思考主动地捕捉的，他将此称为捕捉生活的数据。一次旅行、一段音乐、一部电影，对他来说，可能皆是因设计而起的理性目标。

他对设计的规划也有着理智的节奏感：团队始终控制在五十人以内，保持精练和凝聚力；勇于探索设计的不同领域、不同方面，但保持克制，不盲目扩展，每个方向的探索都做到极致，希望留下更多历久弥新的经典作品。

ZHANG FENGYI

张丰义

· 金白水清悦酒店设计有限公司
  董事长、创意总监
· 浙江省建筑装饰行业协会副会长
· 中国室内设计协会常务理事

DESIGN FLEXIBLY AND ARBITRARILY

变则通，肆无忌惮去设计

你是否知道，设计圈有这样一位成功的跨界鬼才。他没有学过设计，却从一个不合群的"异类"设计师，成为设计圈人人认可的明星设计师。他一次次跨界，涉足的行业范围之广令人叹为观止。他创造了"凡其设计的夜店必红"的娱乐空间设计神话。他带出的青年设计师获奖无数、广受好评。他是"杂学之大成者"——张丰义。

数变数

张丰义不是一个学院派。他做过木工、电工、车工、磨工、技工……这些似乎都跟设计扯不上关系，但张丰义学一技长一技，学必精专。这段忍耐与执着的学技之路，锤炼了他的性格，也为他之后多次创业、多次转换跑道奠定了坚实的基础。或许，正是这股不服输的精神，造就了张丰义在设计圈的跨界神话。

从研究设备流水线到研发彩色玻璃，从承接施工项目到做设计，张丰义每一次跨界的领域关联似乎都不大，却又有迹可循。在这种多元化的角色转变中，张丰义最终找到了自己的准确定位——设计师，并为之广学深研，乐此不疲。

做设计跟习武差不多，马步扎稳了才能练打拳，张丰义深谙此道。跨界而来的他为了补充与设计相关的基础知识，陆续学习了传统文化、哲学、商业模式、色彩学、建筑学等很多课程，付出了超越常人的努力。所谓"功夫在诗外"，这些都是他为了更好地做设计所扎的马步。

不存在"有"和"无"的选择，只有专业是否具备的拷问，张丰义从未想过因困难放弃对诸多设计领域的深入研究。"志于道,据于德,依于仁,游于艺。"（出自孔子《论语·述而》）纵观整个设计圈，再难找到这样的"杂学之大成者"。

这样兼容并包地充实自己，源于两个字：有趣。张丰义说："再也没有比设计更有趣的行业了。"从餐厅到酒店，从酒吧到广场，每一次的设计都能为他带来全新的体验。

众乐乐

张丰义更喜欢工装设计。有位人类学家曾说，每个人都应从社会意义中寻求终极的愉悦。张丰义认为，不同于家装设计的"独乐乐"，工装设计是一个"众乐乐"的过程，它是一个相对更加开放的空间，更能天马行空，也更"有趣"。

▲ 集美宝象俱乐部（图片由金白水清悦酒店设计有限公司提供）

▲ 集美宝象俱乐部（图片由金白水清悦酒店设计有限公司提供）

张丰义着力于做有文化底蕴的综合设计，在设计中融合空间规划、文化艺术和智能科技，将多重跨界统一于设计空间中。这已经远远超出了传统设计的框架，他所勾勒的是一个全新的设计生态系统。虽无从考证，但顺着路径倒推，我们基本可以认定，这离不开他的"杂学"基因。

在天马行空的设计思维下，张丰义的作品呈现出无可替代的设计属性和符号。他设计的杭州 SOS 酒吧、宁波 EVER 酒吧、南宁疯马国际俱乐部等作品，至今仍被津津乐道。

张丰义从不注重自己是否获奖，但一直致力于青年设计师的培养与杭州设计行业的发展，他培养的很多青年设计师目前在业界都深受好评，佳作频出。这是他"众乐乐"态度的最好体现。

作为设计圈里的"异类"，张丰义的设计经验非常值得被剖析和学习。他毫不吝啬，主动将自己过去的经验积累，转化为具象的表达，让大众可以更好地理解，并从中受益，这是张丰义通过自己的主观能动性促成的客观价值，对于整个设计行业的发展都极具意义。

张丰义从不吝惜给青年设计师机会，他认为："设计的系统是一个大框架，并不是画一张施工图就完事儿了，要能够让设计与经营保持同步，帮助客户回避风险，使他们在商业上获得成功。"在金白水清悦，不存在偏见，每一名设计师都能实现自己的价值。

好美好

武术、书法与美食，是张丰义工作之外的三大兴趣。

练一套拳，做一餐美食，写一帖书法，成了他的日常生活习惯。哪怕是出差在外，去一趟邻近的菜市场，吃一餐当地正宗的特色早餐，于酒店外广场上练一套拳，几乎风雨无阻。这是张丰义独特的放松方式。

张丰义朋友众多，他爱品美食，也擅长做美食，常常邀朋友们来家里吃饭。工作上纵横设计界的风云人物，工作之外却

▲ 集美宝象俱乐部（图片由金白水清悦酒店设计有限公司提供）

▲ 集美宝象俱乐部（图片由金白水清悦酒店设计有限公司提供）

能烹出一桌好菜，与家人朋友诗酒年华。在这种充满烟火气的细节中，张丰义的形象越发温情，魅力越发耀目。

张丰义下厨时总是显得游刃有余，他认为这是科技带来的巨大变化。高科技的厨房设备让掌勺人不再手忙脚乱，处理好食材，设定好时间，就可以和宾客开怀畅谈，等着享用美食就好了。

在美食的制作与分享中，他敏锐地发现了设计新的细节——科技思维，并以此为新的角度重新考虑设计。

通过观察生活，发现脉络与线索，让设计更贴心，让表达更贴近，没有比张丰义更细腻的设计直觉了。

在清晰的自我定位中，张丰义广泛涉猎各个领域，冷静思考与总结，高效实践与输出，实现了设计的社会价值输出，推动了设计行业的发展。作为天生的冒险家，张丰义从没给自己设定过设计标准，每一次设计都综合文化与功能、创意与科技，每一笔都充满新意。

ZHANG PAI

张湃

· 银川大木栋天建筑设计有限公司创始人
· 夏木酒庄主理人

THE DESIGNER WHO HAS VARIOUS STYLES
AND LOVES LIFE

多面设计师，深度生活家

在贺兰山脉一座形似佛面的山峰下，有一座正对着子午线方向的金字塔式建筑，这便是夏木酒庄。夏木这一名字，与法语里的 charme（魅力）一词暗合，是冥冥之中的天选，也有着人为的后天浪漫。这是一座匠心打造的建筑，作为离贺兰山最近、海拔最高的酒庄之一，它占尽天时地利人和。每当夕阳西下，余晖尽洒山脉，便可现卧佛光影，让这座建筑更添玄妙韵味。其独特的坐标，出众的造型设计，与天地对话之姿态，引无数人到此一探。

这座酒庄的神秘与耐人寻味，完全是其主理人张湃的"型格"投射。西北旷野的豪放，塞上江南的柔情，共同塑造了他务实主义与浪漫主义兼具的人格魅力。

设计的进击

这位半路出家，沉迷于"自然农法"的酒庄庄主，有另一个更有影响力的身份——设计师。夏木酒庄的金字塔式建筑便是由庄主张湃亲自操刀设计的，相关联的重力法酿造车间及星空民宿等建筑空间，也是由他亲手设计的。

大多数的梦想源于天赋，而天赋推动着梦想成真，张湃亦是如此。他出身于教育世家，相较于同龄人有更多机会读到各种前沿的书籍报刊，这使他获得了设计的最初启蒙。此外，他从小就学习美术，喜欢写写画画，做手工艺也很有天赋，因此他很早就励志做室内装潢（当时室内设计的说法还很不常见），更是在高中毕业时填报了相关志愿。

与当下设计行业明确的指向和细分不同，在他毕业的1997年，设计师属于杂学家。他做过装潢、工艺制作等一系列与设计相关的职业。以设计为核心，只要是与之相关的，都在他涉猎的范畴内。不到一年的自学与历练，对室内设计几乎做到了"门儿清"的设计师张湃，创立了银川大木栋天建筑设计有限公司。在当时的宁夏，他成为当地第一个收设计费的设计师，迈出了做纯粹设计的第一步。

张湃和他的公司的成长，一直是主动出击式的。他对设计及相关领域的探索，始终秉承着"补不足，深发展"的路线。几年间立足于设计的实践，让他期待攀登更高的台阶，这要求更开阔的眼界和更深厚的专业积累。于是，2005年他选择重返校园，进入清华大学深造。

路越走越宽，视野越开拓越辽阔。他创办的公司如今发展到了近40个人的团队，承接项目从室内设计，发展至建筑室内一体化的设计，业务范围由专注于一个细分领域发展至覆盖酒店、餐饮、酒庄、公共空间等多个领域。团队作战的布局，让他在空间设计上有了更大的可能性，不必局限于空间大小，不囿于功能的偏向。

"每一个人生阶段，你的认知都必须要更新，到新的阶段就要产出新知。我们的价值观和世界观没有定性，只能说是一直处于成长的状态。到目前为止，我对设计还在学习和提升阶段。"张湃不断在设计上追求新知，也不断跨出设计师的单一标签，去承担更多的社会角色，影响着设计师群体中的"后浪们"。

▲ 夏木酒庄（图片由张湃提供）

▲ 夏木酒庄（图片由张湃提供）

設計是全方位解決問題

不斷進階的新認知和專業高度，是張湃在設計領域的通關密碼。他運用設計的多面知識，將對美好生活的向往落實到設計中，讓設計解決問題的價值得到了最大限度的釋放。

在那個中國室內設計剛剛萌芽的年代，設計並沒有清晰的路線和概念，更沒有適合國情的參考模式，只能在不斷摸索中尋找方向。當時，張湃涉獵最多的是餐飲設計，那時候西餐廳剛剛被引入中國，呈現一小撥興盛之態。但與之匹配的一系列管理和經營問題，卻遠遠不像這個行業看起來那樣樂觀。作為餐廳最基礎的空間部分，也完全無行業的標準規範。

在這一背景下，張湃不只是設計者，更充當了商業運營的啟蒙者。酒店、餐飲、會所等過往的設計經驗與視野，讓他精通從餐飲設計到餐飲運營全流程的策劃。如何設置服務動線和客人行為動線才能更節省空間、時間和人力成本，如何平衡餐飲部分與水吧台空間的比例，如何讓營業收入達到利潤最大化，他從運營者和設計者的雙重視角出發，打破空間策劃與經營流程的壁壘，幫助客戶全面解決問題。

他說："那時候的設計師還要充當營銷者，甚至是整個行業的梳理者。"設計解決問題的價值，決定了其同等價值的回饋。設計師張湃贏得了更多甲方的信任，甚至是依賴。這再一次驗證了，在專業進階中知識的更新對一個設計者的重要影響，這也在他後來發展道路的每一次轉折上都啟迪著他。

深度生活家

張湃的人生理念是將每一個愛好做到極致。骨子裡的好奇心，是他鏈接多面生活的敏銳觸角；思想上的兼容並包，則為各種新知敞開了吸納的大門。從當下集多種新知於一身的張湃來看，多元的嘗試與愛好，練就了他有趣的靈魂。

他曾一度非常喜歡玩越野車，自己改裝車達專業水準，甚至天南地北去參加各種拉力賽。對他來說，賽車令他著迷的地方不僅在於速度的炫酷，更在於那一刻專注的體驗。

▲ 夏木酒庄（图片由张湃提供）

"我是个热爱生活的人，生活中所有令我感到好奇的东西我都想去尝试。"他种葫芦，玩音乐，酿花蜜……很多看似并无关联的事情，他都乐在其中。其实，他的很多爱好都是和设计有关的。他做信鸽文化产业园设计，便真的去养鸽子，完全还原了设计生活的真谛。

因为专注于餐饮设计，他便将餐饮行业作为深度研究的对象，不局限于设计，广而延至餐饮经营的方方面面、点点滴滴。最后，他在餐饮经营方面的造诣，甚至达到了更甚于设计专业的境界。看一眼菜品和价目单，就可估算出毛利率，对菜品稍加注意，便知如何烹饪。

以设计表达生活，以生活去加持设计，张湃的设计在生活功能与美学上达到了高度统一。生活与设计，就像已经彼此交织的两股血脉，在他的生命中早已难解难分。

半路出家的"庄主"

做某一领域的设计，就要成为某一方面的专家，这是张湃近乎苛刻的自我要求。张湃因餐饮设计对酒生出研究之道，品酒、赏酒，拿到 WSET 三级品酒师证书，可谁知这竟只是他对葡萄酒沉迷的伊始。因缘巧合，他接了一个酒庄设计的项目，需要熟知葡萄品种、酒庄知识、酿造方式等知识。为解决设计问题而进行的深度学习，不知不觉竟成了一份热爱。

从此，他在宁夏的贺兰山下，开启了葡萄种植的实践并建立了夏木庄园。与设计一脉相承的是，他希望葡萄酒的生产也融入更多自然的元素和力量，避免以人的意识去过多地修饰。他主张自然农法，不做过多的人工干预。贺兰山土壤多石块，别人种植时都是先将整片土地翻一遍，尽可能翻出所有石块。张湃则只把表面必须处理的石块捡出来。石块年年捡，年年有，现在已经在农场垒起一座石头山。因为不施肥料，葡萄生长速度慢，正常一年的成长期变成三年。农场管理人员着急上火，差点儿把肥料撒进去，被张湃发现，大发雷霆。大自然不辜负每一份匠心，自然农法种出的葡萄更抗虫害，不易腐坏，而且甜度更高，高到工人都不爱吃。农场的葡萄质量让他深以为傲。

一切都以酿造有生命力的葡萄酒为目标，他将胡夫金字塔等比例缩小至十分之一，建造了一座夏木酒庄金字塔，以寄托心中生态有机酒庄之理想。"农业实际上是一门哲学，是对生活的一种反思。"从形式到内容，他的理念呈现出高度统一的哲学思辨。除了夏木酒庄，他设计的酒庄遍布河北、山东、四川、新疆、西藏、云南等全国各地，形态各异，却各有所诉。

无论人生走向何种对生活的热爱，与之并行的始终是设计。在外人看来，已经分不清他是因为设计而做酒庄，还是因酒庄运营而深谙此中设计。一切无从计较，最重要的是二者皆是他深度着迷的事情。

为每一次的好奇全力以赴，让每一种尝试都得其果实，从一个专业的设计者，到坐拥百亩庄园的庄主，张湃的人生故事始终书写着务实主义与浪漫主义的知行合一。

▲ 夏木酒庄（图片由张湃提供）

CHANG CHINGPING
张清平

· 天坊室内设计创始人、总设计师

THE SPATIAL NARRATOR OF MONTAGE AESTHETIC STYLE
蒙太奇空间叙述者

张清平，台湾地区首位荣获德国红点设计大奖最佳设计奖（Best of the Best）的设计师，曾连续 12 次获得安德鲁·马丁国际室内设计大奖，他以深度提炼的设计思想，忠实反映空间与使用者的内涵，将人与空间的价值形于外，将设计的价值隐于内。

爱美之心切

张清平出生于中国台湾。他生活的环境非常容易接触到建筑、文学、绘画等美学元素，在传统美学的启迪下，张清平自小就喜欢美的事物，因此很自然地走进了设计领域。在学校的时候，张清平的作品就时常受到肯定，这更加坚定了他成为设计师的信心。

他是从平面设计起步的，中间做过雕塑，后来又转向室内设计，这一路走来，有四十多年了。在这四十多年里，张清平成了台湾地区最知名的设计师之一。

他说："我只想做一个跟美有关系的工作者。"

关于"美"的定义，张清平在经历了一些人、事之后也有了更新的见解："设计师如何找到他需要解决的问题，并用正确的方式解决。这才是一个非常重要的过程，这才是真的美。"真正的设计，真正的美，从来不是自足的，而是一趟获取他人理解的旅程。用张清平的话说："我要把我的想法放到你的脑袋里面去，再让你把口袋里的钱放到我的口袋里头，这何等难？"一个好的设计师，要善于发掘使用者的故事，把他的背景、喜好、品位都找出来，再融入自己的风格，这样才能创造出一个美的设计。

筑梦蒙太奇

作为一位中国设计师，张清平深感东西方文化融合的重要性，一直不遗余力地通过设计向世界讲述着东方的故事。他坚持将本土化特色融入设计，实现"古代智慧现代化，西方设计中国化，中西合璧国际化"，并由此独创了一种新的概念——蒙太奇美学风格。

"蒙太奇"是一种电影剪辑手法，简单来说，就是把不同背景的画面通过剪辑重新排列组合，来叙述情节，刻画人物。而对于设计而言，"蒙太奇"可以是一种创作的新思路。

在设计中，人们一般会将各种元素混合在一起的风格称为"混搭风"。而张清平认为："'混搭'要有道理，这道理就是用'蒙太奇'手法把故事重新叙述一遍，就好比宫廷画家郎世宁，他将西方绘画的表现技法植

▲ 阅读生活，生活阅读（摄影：刘俊杰）

▲ 蒙太奇·又一变（摄影：刘俊杰）

入中国国画，创造出一种中西合璧的画风。我希望我的设计可以为使用者带去融合东方与西方、穿越古典与现代的感受。"

在张清平的作品"蒙太奇·又一变"中，他以蒙太奇设计手法解构文化，打破传统方式，令建筑与室内、古典与现代的各种元素直接碰撞、重组，成为既有古典品位又有强烈现代气息的奢华而时尚的空间。有人评价这个作品说："经过简化、提炼的元素好像一个个音符汇聚于空间中，凝固成的旋律，被设计师轻声弹奏出来。"

"我倡导蒙太奇空间美学是为了传播东方美学。"有别于对东方美学元素的图腾式运用，张清平有时以"素朴而华美"的设计风格来诠释新时代的东方人文情怀；有时借由粗犷与精致材质的交融，同沉稳内敛的色调搭配，将人文气质展现于空间；有时以细腻的工艺、手法将东方美融入当代生活的实用性设计，创造空间之间的动线串联与流动自由，从而提升空间品位，打造高质感的生活。

初心不曾灭

"我的设计初衷是，因设计而快乐，因快乐而设计。"

张清平一直认为，其实设计师设计的并不是空间，而是生活方式。设计师通过设计中隐含的积极而阳光的生活态度，来温暖空间的使用者。他相信一个成功的设计师，不论想树立的是怎样的特色品牌，在个人特质上一定是一个热爱生活、心态阳光、时时不忘初心的人，这样他才能把美好的生活方式带给大家。

在四十多年的室内设计工作经历中，张清平一直希望能将东方美学元素与西方的设计手法完美融合，孕育出更适合当代人的生活方式，让项目里所内蕴的人生哲学和生活智慧被人们感受到、体验到。

同时，在他的眼里，设计不仅要勾勒出清晰的生活脉络，赋予空间舒适的功能，更应清楚地展现居住者的生活态度与个性喜好，并且调节空间与居住者及其人生节奏之间的关系，创造出引起共鸣或制造梦想的空间故事。

▲ 完美的五感融合（摄影：观品空间美学工作室）

▲ 大明大放 Ⅱ（摄影：观品空间美学工作室）

GARY CHANG

张智强

· Edge 建筑设计事务所创始人
· 边城设计有限公司执行董事

WE HAVE BEEN SEARCHING FOR
OURSELVES THROUGHOUT OUR LIFETIME
人的一生都是在找自己

张智强位于香港港岛东的办公室，有一种大隐于市的感觉，在这个一面望海一面临街，且颇有年代感的空间里，时间仿佛是静止的。此次采访，更像与一位智者的对话，轻松幽默的言语中，透露出的是哲学的思辨精神，值得反复回顾再品。他说："要学会把所有事情联系起来，不然的话，世界会越来越复杂。"面对如此丰富的一个灵魂，不如用最简单的方式，以几个关键词来复盘我们的对话。

矛盾

张智强成名很早。早在 1985 年，他还在学生时代时就获得过多个国内外奖项，甚至在海外的名气，超过在国内的知名度。38 岁时，他成为中国香港首位获邀参加意大利威尼斯国际建筑双年展的建筑师。他的代表作包括北京长城脚下的公社（集体建筑）之一手提箱、V 湾仔酒店、ACTS Rednaxela 服务式公寓，以及他的 32 平方米自宅公寓等。他曾连续三年担任过日本优良设计大奖的评委。2019 年，他的 Edge 建筑设计事务所被 Domus 杂志评为全球 100 家最佳建筑设计公司之一。

虽盛名在外，但张智强的人生履历说起来也很简单：从来没有搬过家，一直住在 32 平方米的公寓里；从没有写过求职信，大学毕业时由老师推荐了工作；亦从没有换过工作，在一家公司工作七年之后，32 岁创办了自己的公司，直至今天。

他说自己是个矛盾的人，但其实，他的内心再通透不过了。如他说："世界是矛盾的，人也是矛盾的，我可以说我的方式是最好的，但答案与方法，有些人适合，有些人不适合，这个世界就是这样有趣。不同的人有不同的想法和做法。"他觉得自己是一个很复杂的人，另一方面也是一个很简单、很童真的人。思想世界里的富饶，的确可以让一个人既简单又复杂。人可以将问题看得很透彻，但有时候，只愿用最童真的眼光去看世界。

张智强分享了一桩趣事。十多年前，他的团队和客户开会，客户会误以为他是员工，而外形更有派头的员工是老板。他不生气也不拆穿，反而说这也有一个好处，能够令他看到和听到更多真实的信息。"我在背后发功，他们都不知道。"当他笑着讲述这个故事的时候，有如孩童恶作剧后的得意和开心。

真实

他是个才华横溢且精力充沛的人。除了做设计，张智强还在香港大学兼任过七年副教授，出版过数本专著如《我的 32 平方米公寓》(My 32sqm Apartment)、《手提箱房子》(Suitcase House)、《好旅店默默在做的事》，并作为特约作者为香港《明报周刊》、台湾《商业周刊》撰写专栏。最新的一本《商业周刊》摆在张智强的工作台上，他已经连续为这本杂志撰写专栏六年了，每期都会写一个酒店，全是真实的体验和评价。

▲ 北京长城脚下的公社（集体建筑）之手提箱（摄影：Edge Design）

▲ 北京长城脚下的公社（集体建筑）之手提箱（摄影：Edge Design）

大概建筑师中也只有他一个，会真的在媒体上实名指出一些酒店的缺点。"我做了这么多年设计，应该要说一些其他人不敢说的事情。"

或许是因为担任过多年大学教授的缘故，在对年轻设计人才的培养上，张智强更喜欢中国传统的师徒关系。他的公司有设实习岗位的传统，从中学生到大学生都有，不论年纪，但个个都得经过严格选拔才能进入团队学习。实习生们从这里开始真正走上建筑设计之路，他们中年纪最长的现在已过 40 岁，在并不算大的香港建筑设计圈里，许多人都将张智强视为尊敬的师长。从某种意义上来说，Edge 建筑设计事务所就是一个大家庭，"现代人一天大部分时间都在公司，跟同事相处的时间比家人都要多很多，所以同事也是另外一种家人。"

作为师者，他坦诚，不保留，愿意为行业发展和社会大众提供中肯的意见，也乐意提携年轻人，引导他们建立正确的价值观。他告诫年轻人："建筑及室内设计是一门涉及范围很广的学问，快不来。要慢慢做事情，打好基础。即使科技发展再快，积累和成长也需要时间，"他也会把现实中真实而残酷的一面说给他们听："就算有天分，也要努力，但光有努力也不行。"

模糊

张智强可以说是小户型设计的最佳代言人。毫不夸张地说，他的 32 平方米自宅几乎成了开发商、国际家具品牌、设计界以及业主们研究小户型的绝对样板。众所周知，张智强研究小户型的起因是设计自家的房子，出发点只是一个让自己和家人住得更好点的"实验"项目。没想到的是，这个项目仿佛触动了一个全球性问题的开关，自此之后的几十年里，可以看到经济越发达的城市，小户型越受到关注。

从全球慕名而来的最远的客户之一，大概要算远在瑞典斯德哥尔摩的一家房地产开发商了。他们有一栋 78 层高的住宅公寓，里面都是 32~44 平方米的小户型，因此邀请张智强担任楼盘公寓的设计师。这一项目在当地成为全城关注的热点，瑞典最大的报纸亦用了整版篇幅来报道。

▲ 24 变自宅（摄影：Edge Design）

对于一个家而言，什么是公共空间？什么是私密空间？张智强认为二者之间的分界是非常模糊的。因为房子的面积小了，家人之间反而会有更多的互动，邻里之间也会在小区会所里产生更多的互动。"家的概念不是单一的，小区会所也是家的延伸。"张智强对于当下社会重点关注的"共享"概念十分认同，"共享"模糊了很多固有的边界，改写了人们的生活方式，也带来了更多新的可能。这一概念是他目前关注和研究的方向之一。"一件事情产生的问题，会变成另外一件事情的解决方案。"

对于自己的人生规划，张智强说自己是一个没有计划和目标的人。但如果要从看似随性模糊的人生里提炼出共性的话，那就是对于内心真正喜欢的事情，他一定会以"极客精神"研究透彻，小户型如此，酒店也是如此。

体验

"旅行的目的不是去哪儿，而是体验一种陌生感。""我不喜欢看野生动物，因为人就是最危险又最精彩的一种动物。""你以为很熟悉的地方，也不一定真了解，你可以在自己的城市旅行。"

与房子打了几十年交道的张智强，没有任何投资，包括房产和股票，他只投资自己的时间，投资自己内在的、亲身的体验。他说起一个三十多年前的故事：他第一次去欧洲旅行时，遇到一个特别喜欢旅行的香港人，旅行从不带相机，不拍照，旅行就是用眼睛去看，用心去感受。

对于生活在高科技时代的当代人来说，经历了追求高效快捷的阶段之后，人们开始回归有温度的切身体验感，开始更看重手作的器物、手写的文字、面对面的交流。随着年龄和阅历的增长，张智强也越来越喜欢真实的、深度的体验，而不是为了在社交媒体分享照片的打卡式旅行。因为旅行和工作体验过数以千计的酒店，他就能把自己的感受结集成书——《好旅店默默在做的事》。专业程度令酒店内行人士都自叹不如：

"从事旅游业多年，从考察到出差，住过国内外许多旅馆，自以为感觉敏锐。看完本书，跟作者相比，才发现真是差上一大截，还有的学呢！"

对体验感的追求，与对兴趣的探索精神密不可分。不少人会在工作之余培养一个兴趣以缓解工作之困苦，但张智强的想法不同，"我是一个实际的香港人，会将一定要做的事情变成我的兴趣"。对于他来说，"空间"是每天要面对的课题，"酒店"也是一定要住的，所以当他将"一定要做的事情"变成兴趣，便总是能在体验中思考、深研、总结，创作出更好的建筑和空间，帮助更多的人住进更有幸福感的房子里。

初心

采访的最后，我们请张智强先生为年轻人分享一些建立设计哲学的方法，虽然许多人从未意识到这一点的重要性。"人都需要时间找自己，或许一生都是在找自己，没有绝对的好与不好。我的方式和心得，就是你的兴趣一定要跟你做的事情有关联。如果你找到了好的研究方向，已经很不容易了，持续研究下去，不要变。"

当面对面与张智强先生交流之后，我们坚定地相信并且期待他将给我们带来更多惊喜，不是因为他过去那些书写在册的作品和成就，也不是因为他在全球建筑设计界累积的声誉，而是真切地、面对面地感受到了他对于设计这件事情未曾削减的热情。初心不改，Edge 建设设计事务所的精彩待续……

SIMON CHONG
郑树芬

· SCD（香港）郑树芬设计事务所
  创始人、设计总监

HARMONIZING TRADITIONAL CHINESE AESTHETICS WITH WESTERN DESIGN TO FORGE A REFINED ELEGANCE

中西合璧，创雅奢主义

郑树芬，SCD（香港）郑树芬设计事务所创始人、设计总监，英国诺丁汉大学硕士，"雅奢主张"开创者，主张奢侈以"雅"为度的设计理念，一直致力于中西方文化的研究，被媒体誉为亚洲最能将中西文化融入当代设计的设计师。

从金融到设计

郑树芬，一位温文尔雅的绅士，比起大部分设计师都喜欢追求有个性的穿衣风格，他经常西装革履，以至于常人很难看出他是设计师。

他与设计的故事还要从英国伦敦说起。他在伦敦留学多年，毕业归国后，就职于美国最大的金融服务机构之一——摩根大通银行香港分部。五六年后，他在机缘巧合下重返伦敦工作，并在伦敦买了一套很小的房子。他亲手做设计，购买材料，安排所有的事情，把房子装修成了自己喜欢的样子。自此之后，他与设计结下了不解之缘。

在银行工作时，就不断有客户找他做设计，当完成第一套 200 平方米的案子并深受客户好评时，他的设计之路也正式开启了。1996 年，在摩根大通银行工作了十一年的郑树芬，毅然辞去了高薪职务，在香港创立了自己的第一家设计公司。从高薪的银行工作跨界转行到设计领域，这在常人看来是不可能的，但是郑树芬用自己的成绩证明了自己的实力。

郑树芬及其团队的设计项目遍布中国、日本、东南亚、欧洲等地，曾入选 2016 年中国室内设计二十年总评榜最具创新设计机构、2015 年 BEST100 中国最佳设计 100 强；获得 2016 年中国室内设计行业杰出贡献奖、2016 年杰出别墅空间设计大奖"金堂奖"、2015 年中国室内设计行业年度评选"最具国际影响力设计师奖"、2014 年 IDCF 大中华区最具影响力设计机构奖、2014 年法国双面神创新设计奖提名等。

郑树芬说自己很幸运，"很庆幸二十五年前做的决定没有错，这二十五年以来能够为设计行业贡献出一份力量，对我来说是一件很幸运的事"。

中西合璧

由于小时候家里经营古董店，耳濡目染，郑树芬很小就受到了古典文化的熏陶。长大后，去英国留学，接受西方教育，又让他对西方文化有了深度的了解。

经过二十多年的发展，郑树芬及其团队以国际化的设计视角，在设计空间中融入创造性、功能性、人文性等多层空间元素，在设计风格上贯彻中西合璧的经典美学，将中西文化的融合做到了极致。他们成功地打造过许多个具有国际影响力的精品项目，同时以其"时尚典雅，内敛惊艳"的设计手法完成了诸多明星及社会名流的豪宅府邸。

▲ 深圳私人别墅（摄影：张骑麟）

▲ 深圳私人别墅（摄影：张骑麟）

郑树芬说："设计师应该随着年龄的增长，去发掘自己的艺术天分。因为每个年龄段的人，所经历与沉淀的内在精神需求不一样。"对于现代与古典，他说："其实我还是喜欢保留一些比较古典的元素。虽然现在科技很发达，会出现很多新的产品，但是我希望在我的私人空间能保留一些传统的元素，能有我自己的味道，当然新的科技、新产品是可以起到辅助作用的。"

对郑树芬来说，设计就是一个"玩"的过程，玩比例、线条、色彩、材质、文化元素及艺术品，玩出一个无法被风格定义，却个人格调鲜明的空间。他的作品从不被风格左右，也不被潮流冲蚀。

雅奢主义

什么是奢侈？这是郑树芬一直思考的问题。

在文艺复兴时期，欧洲贵族用极尽繁复的视觉艺术表达内心对奢华的定义，他们认为奢华是欣赏美、享受美的能力。随着时代的发展，受过优良教育的新一代富人们对奢华的追求与前辈们完全不同。而在经济快速发展的现代社会，人们更希望通过创新来彰显内涵。

郑树芬认为，以低调奢华的气质和"自然而不着痕迹地融入当地文化"的设计理念，展现当代内敛奢华的气度，是"雅奢"传递的重要精神。"'雅奢主张'是个性且具有包容性的，主张在元素上运用中西方美学，传递一种精神和气质。例如，现在流行的极简主义，尽管你在空间中感受不到任何外在的奢华感，但其实它已经从空间的内在氛围中传达出一种'雅奢主张'"。

对于未来，郑树芬觉得随着大家审美水平的不断提高，未来的设计应该是个性化的，但这并不代表大家要跟着潮流走而忽视了设计的根本。"我想我还是最初的观点，我们是服务的行业，最重要的一点还是要客户满意。因为每个人的需求、每个人的观点和感受是有很大差异的。当我们运用自己的专业去引导他们、去满足他们的需求时，这个过程还是很享受的。"设计师在满足客户要求的同时，利用自己的专业技能打造出个性化的项目，将是未来的发展趋势。

▲ 深圳私人别墅（摄影：张骑麟）

▲ 深圳私人别墅（摄影：张骑麟）

RAY CHOU
周光明

· 朱周空间设计（上海）
创始人、室内设计创意总监

DESIGN IS TO CREATE A GOOD LIFE IN A
VIRTUOUS CIRCLE
设计意在创造良性循环的美好生活

"我认为设计的本质在于解决生活的问题，过度设计造成地球资源浪费的现象是我特别关注及避免的。经济的增长使我们的生活变得富足，人们越来越重视生活品质的提升。各式各样的设计在这样的条件下开始萌芽，但我也观察到有些浮夸的、过度装饰的现象开始出现，这让我感到担忧。"在访谈的一开始，周光明老师就说出了自己对于设计行业现状的思考，也许设计行业的生态，并没有完全处于一个良性的环境中。

沉淀

西班牙的留学经历，使周光明对西方的设计框架有着充分的认识，也令他深感中国文化对自己的滋养。这样独特的文化素养让他在同学中脱颖而出，让他身边的外国人看到了世界上一个与西方文化迥然不同的文化渊源地——中国。这份深刻的中国情结令他骄傲，也令他深思。

回国后，周光明于 2002 年与朱彤云在上海共同创立了朱周空间设计，至今已近二十年。朱周空间设计透过东方美学和当代设计逻辑，以中国传统"框架"为思考脉络，实践各种不同空间的设计创意。事务所希望找到当代人与空间关系的平衡点，洞悉不同空间使用者的需求，让设计概念得到切实落地，从而透过空间设计给大众带来更美好的体验，提升人对于美好生活的追求。事务所创立至今完成了超过 800 个项目，在团队合作里以精确的任务分工，将设计从概念发想至具体落地，以室内设计角度给予综合性设计解决方案。项目遍及多个城市且触及亚太地区，作品涉及公共、商业、办公、酒店、餐厅、住宅等领域，不局限类别，不拒绝更多的可能性。

奔跑

"沉淀后累积的生活体验，成就了各式各样的设计。疲于奔命地追随潮流是无法长久的，反而会让自己的作品变得更具有时效性，这是非常可惜的。而高频率的更迭与淘汰，也造成了资源的浪费。"周光明认为设计师应该拥有敏锐的观察力和丰富的想象力。对生活周遭的人、事、物的体悟，才是设计之本。

此外，他还认为，设计是一种服务，客户的需求是设计师首要考虑的。满足你的业主并不意味着要一味地讨好他们，设计师必须先理解客户的需求，再通过理性的分析满足他们的需求。此外，每位设计师都有自己的美学"脉络"，但"美"只是每个作品中加分的亮点，最重要的还是让这个空间的使用者感到舒适。

到欧洲旅行时，周光明观察到国外酒店提供的早餐都是非常简单的套餐。一份可颂、一碟水果、一杯意式咖啡，就是一餐，虽简单但也饱足；反观国内，酒店的早餐大多还是维持自助式，大家会想尽可能地多尝一种食物，却估量不好自己的食量，因过度取餐而产生大量厨余垃圾。通过这些现象，他也开始反思设计

松美术馆（摄影：夏至）

▲ 松美术馆（摄影：夏至）

中材料的使用，更加重视建材的最少化应用，并且尽量减少不可再生或者是一次性资源的使用。

时间的累积成就文化。"中国历史五千多年，其实有很多美好的事物和传统，小至首饰、器皿、衣服，大至家具、习惯及生活方式。中国人在表达时是特别含蓄内敛的，而如何运用当代的手法准确诠释这种委婉的性格，是我目前正尝试努力的。"有句话说：吃，有传承才地道。一道料理经过时间的验证，最后才形成其口味，这也是周光明在思考的。"我特别希望我的每个作品都能经得住时间考验，存留在大家的记忆中。"

绽放

"空间的比例和色彩促使人们有不同的感受。就好像你去到不同的地方有完全不同的感受。你去纽约和去巴黎，一下飞机就有不一样的味道，这是一个空间能够给你的感知。"

在上海嘉定图书馆的设计中，有别于一般图书馆使用大量过高的书架陈列，周光明运用了低于身高的书架陈列方式，以便提高空间的"呼吸度"，将"人""物""空间"的关系，结合东方虚实之间的思维，融入了传统院落中"窗""景""光"的错落美感，让读者的视线可以从室内延伸到室外。

在他的另一个作品——全季酒店人文空间中，艺术、茶道、冥想、花艺，尽是对"雅"的追求。对现代人来说，在快速而喧嚣的生活里，最难能可贵的是一处的静谧。设计师运用中国传统的"框架"作为设计的基本，从庭园、窗景、空间的区隔，从室外到室内，为整个空间营造出一种桃花源般的氛围。在这里，顾客可以静静地感受时光的流逝，或是尽情欣赏艺术品，抑或是与三五好友品茶、闻香、享美食。

在松美术馆项目中，周光明减去了原本不合时宜的西方建筑符号，以"艺术容器"为理念，设计更多的留白，为"包容艺术"的空间提供更多的可能性。庭院松树环绕，给予了美术馆外在的生命力，一景一物成就了建筑内外的呼吸感。东方写意也成为传统与现代建筑之间互相辉映的自然韵律。

▲ 上海嘉定图书馆（摄影：Derryck Menere）

近十年来，周光明一直致力于连锁酒店产品的研发。他用设计为不同价位的酒店品牌提供精准定位，如海友、汉庭、全季、漫心、美居、美爵、桔子、桔子水晶、禧玥、花间堂等，让美学与功能完美结合。他希望大众在繁忙的差旅之间，可以有更美好的住宿体验。

有很多设计师会想，如果可以只做某一种空间就好了。但是周光明说："那时我们总会畅谈自己的理想，

有一个长辈告诉我'先排除你绝对不做的空间，而不是一味追求你想做的空间。'在周光明看来，一个设计师的任务和责任不是逃避，而是应对更多的挑战，每个迈过的"坎儿"，都是设计师迈上一个新台阶的证明。

▲ 曦书房（摄影：隋思聪）

附录

"致敬华语设计这些年"大型系列纪录活动包括"华语设计领袖榜"年度榜单、"致敬华语设计这些年"致敬礼、"致敬华语设计这些年"年度人物访谈、"致敬华语设计这些年"年度纪录集与年度纪录片、"致敬华语设计这些年"主题展览、"致敬华语设计这些年"华领思宴、"致敬华语设计这些年"华语聚荟,以及"致敬华语设计这些年"木星计划。

简单地说,"致敬华语这些年"大型系列记录活动以一榜、一礼、一谈、一刊、一片、一展、一宴、一荟、一圈的形式,从设计拓荒者到奠基人,再到承担者,记录中国室内设计在岁月的奔驰中突破萌芽、直抵盛放的故事。

一榜

"华语设计领袖榜"年度榜单作为"致敬华语设计这些年"大型系列纪录活动的重要内容之一,通过国内多家媒体及百家设计服务机构共同提名及票选,发布"华语设计领袖榜"年度领袖人物、"华语设计领袖榜"年度提名人物、"华语设计领袖榜"年度卓越设计人物。

"华语设计领袖榜"年度设计领袖人物
由国内多家媒体及百家设计服务机构共同提名及票选,通过榜单形式,向为华语设计发展贡献力量的设计师们致敬。他们秉承的文化传承与设计创新的精神,在中国室内设计发展过程中扮演着重要角色,促进了中国室内设计的发展和成长,也让中国吸引了更多的国际关注。

"华语设计领袖榜"年度提名人物
由国内多家媒体及百家设计服务机构共同提名。他们的杰出设计成就了今天中国人的精彩生活,致敬他们为塑造华语设计的黄金时代而做出的贡献。

"华语设计领袖榜"年度卓越设计人物
发布"华语设计领袖榜"年度 100 位卓越设计人物。

一礼

"致敬华语设计这些年"致敬礼邀请华语设计领袖人物与来自全国各地的设计师共同回顾华语设计这四十余年发展的起源、变化、布局,以及时代的经历和故事。年轻一代设计师在见证华语设计力量的同时,向华语设计代表人物致以最崇高的敬意。

一谈

"致敬华语设计这些年"年度人物访谈,盘点华语设计圈领袖设计师的从业经历与设计故事,与他们共同畅谈华语设计这些年的发展、变迁、机遇、挑战与对未来的畅想。

一刊

"致敬华语设计这些年"年度纪录集，集结数个华语设计圈知名设计成果、经典设计项目，挖掘经典作品背后的故事，以精装刊形式见证经历、启迪人生，致力于室内设计的研究与实践。

一片

"致敬华语设计这些年"年度纪录片，以纪录片的形式回顾华语设计的发展，以设计领袖人物口述历史、以影像资料和适度细节再现等手法，讲述时代人物的经历和故事。

一展

"致敬华语设计这些年"主题展览，以影像的方式呈现华语设计发展历程，展示各时期中国室内设计发展的特点和标志性作品，探寻东方精神境界。

一宴

每一个城市，都有一种味觉的力量。用中华美食链接乡愁与当下的生活，华领思宴构建一个以餐桌为媒介，以食物为纽带，以自然为关联的华语设计人物私宴。烹一桌极致飨宴，探索设计师们对美好生活的理想与向往。

一荟

华语聚荟作为历年"华语设计领袖榜"入榜设计师的俱乐部，是为高端设计师提供互动交流的平台，打开设计师工作与生活的体验边界，从设计品牌管理、设计旅行服务定制、生活方式体验定制等内容，构建精英设计圈层文化。

一圈

木星计划，旨在发掘独特、新锐的设计力量，通过设计专访、木星交流会等系列板块，以独特的视角面向优秀的新锐设计师展开活动，为更多的新锐设计师搭建展示交流的舞台。

组织机构

主办发起机构：广州设计周
战略合作伙伴：木里木外
战略合作媒体：建E室内设计网、网易家居、今日头条、绝对设计（iDesign）、
觅范（MEFine）、壹品曹、设计食堂（AssBook）
协办媒体：设计酷（designcool）、一点资讯、设计部落、造学设计会、
构筑空间文化传媒、落屋
联合发起机构：《澳门日报》、澳门有限电视台、《漂亮家居》

高定木作

致 力 于 提 供 高 品 质 的 居 家 生 活

MULI
木里木外

ww.muli.group

高定木作

致力于提供高品质的居家生活

MULI
木里木外

www.muli.group

图书在版编目（ＣＩＰ）数据

致敬华语设计这些年／广州设计周组委会编著 .—桂林：
广西师范大学出版社，2022.1
　　ISBN 978-7-5598-4455-2

　　Ⅰ.①致… Ⅱ.①广… Ⅲ.①室内装饰设计－研究－中国
Ⅳ.① TU238.2

中国版本图书馆 CIP 数据核字 (2021) 第 232783 号

致敬华语设计这些年
ZHIJING HUAYU SHEJI ZHEXIE NIAN

责任编辑：冯晓旭
装帧设计：六　元
广西师范大学出版社出版发行

（广西桂林市五里店路 9 号　　邮政编码：541004）
（网址：http://www.bbtpress.com）
出版人：黄轩庄
全国新华书店经销

销售热线：021-65200318　021-31260822-898

恒美印务（广州）有限公司印刷

（广州市南沙区环市大道南路 334 号　邮政编码:511458）

开本：787mm×1 092mm　　1/16
印张：24.5　　　　　　字数：450 千字
2022 年 1 月第 1 版　　2022 年 1 月第 1 次印刷
定价：298.00 元